重森三玲 作庭·观庭心得

[日] 重森三玲 著

盛洋 译

華中科技大學出版社
http://www.hustp.com
中国·武汉

图书在版编目（CIP）数据

重森三玲：作庭・观庭心得 / (日) 重森三玲著；盛洋译. —武汉：华中科技大学出版社，2021.11
ISBN 978-7-5680-7562-6

Ⅰ. ①重… Ⅱ. ①重… ②盛… Ⅲ. ①庭院－园林设计－日本－图集 Ⅳ. ①TU986.2-64

中国版本图书馆CIP数据核字（2021）第202802号

STANDARD BOOKS Shigemori Mirei Niwa wo Miru Kokoroe
by Shigemori Mirei

Originally published in Japan by HEIBONSHA LIMITED, PUBLISHERS, Tokyo
Chinese (in Simplified Chinese character only) translation rights arranged with
HEIBONSHA LIMITED, PUBLISHERS, Japan
through TUTTLE-MORI AGENCY INC.

本书中文版由日本株式会社平凡社授权华中科技大学出版社在中华人民共和国境内（但不含香港、澳门、台湾地区）独家出版、发行。

湖北省版权局著作权合同登记 图字：17-2021-212 号

重森三玲：作庭・观庭心得
ZHONGSENSANLING: ZUOTING · GUANTING XINDE

［日］重森三玲 著
盛洋 译

出版发行：华中科技大学出版社（中国・武汉）
武汉市东湖新技术开发区华工科技园
电话：(027) 81321913
邮编：430223

策划编辑：贺　晴
责任编辑：贺　晴
美术编辑：张　靖
责任监印：朱　玢

印　　刷：武汉精一佳印刷有限公司
开　　本：880 mm × 1230 mm　1/32
印　　张：5.5
字　　数：97千字
版　　次：2021年11月 第1版 第1次印刷
定　　价：59.80元

投稿邮箱：heq@hustp.com
本书若有印装质量问题，请向出版社营销中心调换
全国免费服务热线：400-6679-118 竭诚为您服务

目 录

早凉林泉录（住宅是私人美术馆）

无论是谁，他最爱的地方，都一定是自己的家。若因差事远行，结束之后总会迫不及待地返回家中。哪怕酒店再豪华气派，哪怕友人的屋宅再美轮美奂，也要尽快回到自己的家。即使自家寒酸、凌乱，还有各种不便，也总想回家。这么想的，应该不是只有我一个人。

首先，没有比家更自由的地方。困了就随处躺下，饿了就放开肚皮吃，粗茶淡饭也没问题；喝茶无须思前顾后，更不必寒暄什么“多谢款待”。这种轻松自在，唯有在自己家里才能实现。

不过，一个无与伦比的家，首要前提是家庭圆满。若家庭不圆满，家反而会成为最无趣的地方，让人对自己的家、自己的生活心生厌烦。实现家庭圆满，是家中所有成员的责任，其中最核心的，便是夫妻间的圆满，以及父母与子女之间的爱。

既然没有什么能够与家媲美，那么关心自己的家就是第一要务。现在，让我们把精力集中在家这一概念上——我认为，最重要的，就是如何美化它。

所谓家，是指以家为中心的生活，因此必须尽可能营造高质量的生活。这可以从美化开始。但美化并不等同于耗费巨资，相对来说，一个家的美，更多地取决于核心人物是否有较高的文化生活水平。关于这一点，就近年各地新建的住宅而言，建筑本身完全没有展现出多高的文化性。

这些建筑，一根柱子也好，一面墙也罢，从外观和内容都看不出任何苦心经营的成分。历来有句俗话，妻子和榻榻米都是越新越好。妻子最好能让人眼前一亮，榻榻米不用说也是新的更好。话虽如此，实际上现在的新榻榻米质量堪忧，简直令人怀疑它究竟是不是榻榻米。但即使这样，众人依旧心平气和地使用着。要说新旧，只需先看障子（译注 1）的纸，不新的纸往往卫生状况糟糕，如果到了发黑、破洞的程度，那么主人的精神世界也不会富有。

译注 1：障子，日式房间中作为隔断的推拉门，通常糊上和纸（日本纸）。

此外，床之间（译注 2）是凸显家的魅力的第一场所，然而近来彻底被忽视。许多新建筑都不设床之间，即使存在，也会沦为堆放书籍、电视机的地方。对于现代人来说，床之间完全成了累赘。

可在我看来，日本住宅里的床之间，是我们祖先的伟大发明，在全世界的住宅中首屈一指。外国住宅充其量会利用墙壁，在墙上挂些装饰画；日本住宅却通过床之间把美术馆搬进生活中，我想，再没有比这更杰出的住宅了。美，存在于生活之中，以家为中心，就可以过上最高层次的文化生活，即美的生活。而床之间的无用化，恰恰证明了文化生活的匮乏。

我自己格外喜爱床之间，每隔两三天或至多一周，就要换掉其中的装饰画和书。如果每天早晨没有在床之间见到新花，就会深感冷清。除了更换挂物和插花，我有时还会将香盒换成应季之物。

与此同时，对于床之间等角落，仔细清扫很有必要，也别有一番乐趣。时间允许的情况下，尽可能自己动手，这样尤其能够展现

译注 2：原文是“床”，即地板之意，但这里应特指日式房间里的“床之间”，即类似壁龛的凹间。通常墙上有书画挂轴，地上有插花，皆用于装饰。

出它的美。

说到打扫，庭园也是必须被摆在第一位的。不管多么美丽，古雅或是新颖，若不注意清扫，不常常洒水，庭园就会面目全非。没有庭园，不成住宅。大小无关紧要，但务必精心打理，拥有这样的庭园，才是真正的住宅。

围绕如此美的住宅展开生活，不仅仅是为了自己，这种生活必然还会在无形中给他人带来巨大的影响。（一九六八年，七十二岁）

动手的重要性

无论何事，最重要的，莫过于亲自尝试。即使面对同一个庭园，不同人的观赏方位、拍摄角度也会大相径庭。

我深刻地察觉到，开始作庭之后，我对所考察的庭园的欣赏方式发生了很大改变。

前不久我在大德寺山内营造瑞峰院的庭园，后来，在参观正传寺[①]的林泉[②]时，我惊讶地发现，山乐[③]的袄绘（译注 1）有一部分水墨山水与瑞峰院庭园如出一辙。另外，我也在柳井港和高滨之间的

---

① 正传寺，京都市北区西贺茂的临济宗南禅寺派寺院，因借景比睿山的庭园而闻名。
② 林泉，有林、泉的庭园。重森三玲在1932年创立了研究日本庭园的“京都林泉协会”。
③ 山乐，狩野山乐（1559—1635），安土桃山时代（1573—1603）至江户时代（1603—1868）的画家。
译注 1：袄，日文写作“襖”，是障子（日式推拉门）的一种，袄绘，即在袄的和纸上绘制的图样。

濑户内海诸岛上，看到了与瑞峰院庭园极其相似的自然景观。

昭和十四年（1939年），我完成了东福寺方丈庭；几年后，我在从竹原前往大三岛时，又在濑户内海上见到了与方丈南庭（译注2）几乎同样的岛屿风景。正是因为有了亲身作庭的经验，我才能发现这些平常被忽视的风景。

类似的还有龙安寺的石庭。大约昭和十二三年，我经过山阴地区松崎附近的海岸时，惊讶地见到像极了龙安寺石庭的岩岛风光。庭园的作者当然不是见过此番景象才模仿为之，这恰恰显示出了不断完善的庭园与大自然的共通之处。

尽管我们在作庭时，会考虑周全，不放过一丝一毫的细节，然而，完工之后再看，虽说是自己的作品，但也很难注意到如此细微的部分。普通人在观赏时理解不了作庭家的苦心，实属情有可原。

观赏古建筑时，无论是谁，都会注意到高悬于屋顶山墙中央的悬鱼④，但雕刻之类的细节，就很少被人关注。即使这样，雕刻者仍

译注2：东福寺方丈庭是围绕方丈室一周的形式，分为东、南、西、北四庭，故有南庭。

④ 悬鱼，附着于屋顶的破风（博风板）下方，用于掩盖梁架的装饰板。

然会为作品竭尽全力。我也是在亲自建造书院（译注3）之后，才有了比以前更敏锐的观察力。

为了打造茶庭，我费尽心思找来镰仓时代前后的石质工艺品，哪怕只是一个手水钵（译注4）。后来才得知，大部分客人、参观者都没有注意到这些，更不用说欣赏它们的美。不过，林泉协会组织参观时，诸位会员都能慧眼识珠，对其夸赞有加。我很高兴看到诸位眼光的提升，想来应该与在各地参观见识了许多优秀作品有关。对于少而精的庭园，可以反复观摩，多多拍照，眼光定能有所提升。

创作之时，没有什么比眼光更重要。可以说，能否造就一件有高度的作品，取决于创作人是否拥有一双慧眼。固然技术也是问题，但眼光的提升自然能带来技术的突破；而若是鼠目寸光，即使身怀长技，也终究是技术过剩，只能做出难以入目的作品。

父母养育子女，师长培育弟子，都唯有真心实意、亲力亲为，

译注3：书院，日本传统住宅中靠近屋外的日式房间，功能接近客厅，通常用于接待客人。

译注4：手水钵，最初是在参拜神、佛之前象征净身的洗手池，后引入茶道。通常是石质容器，上方有水流下，设在茶室外的露天场所。

方显可亲可爱。有言道，养父母胜过生父母，就表明了这一点。亲身实践，意味着需要经历千辛万苦。尽管我们生活在一个尽可能避免吃苦的时代——这一方面是好的，但在我看来，只有凡事不辞辛苦，才能磨砺自我。不自我打磨，就会缺乏做人的深度。参观林泉也是一样，往往要忍受夏之酷暑、冬之严寒，然而这些辛苦最终会化为对艺术的理解。有人说，不懂美，是人最大的不幸，对此我完全赞同。（一九六一年，六十五岁）

作庭之趣

所谓作庭

我作庭至今，已近三十年。所作之庭，有的形似公园，有的在神社、寺院之中，亦有的为高级酒店、餐厅而作之庭，还有的为住宅而作之庭。

先来谈谈为何作庭。许多人认为，我辛勤作庭是出于生计——当然，生活是头等大事，无论如何总要满足生活所需。然而，我之所以作庭，完全不是为了饱暖，而是享受作庭本身的无上乐趣。对我而言，没有比作庭更有意思的事情了。因此，我对所有委托人一视同仁，按照他们的要求营造庭园。托他们的福，我没有一天不乐在其中，仿佛是这世上最幸福的人。所谓“日日是好日”（译注1），正是我的写照。我确实没有多少积蓄，但这何尝不是乐事。在我心中，

译注1：“日日是好日”是禅宗偈语，出自云门禅师。

我比千万富翁更富足，千万富翁的生活甚至显得千万可怜。

那么，我眼中的作庭之趣有哪些呢？且容我稍作列举。

首先，作庭是在土地上利用天然的材料直接创作。原本只有神才能安排得自然，却在庭园中任由我们和神明摆弄。这是单纯依靠人力无法实现的最高境界的艺术，因此，作庭可以说是在创造最大、最有高度的艺术品。不过，我们并不是代替神创造自然，而是与神共同创作。大自然是神创造的伟大而美丽的存在，庭园则是我们替神在空间中进行的美的创造。与其说我是站在神明的立场来作庭，不如说，我把自己当成了神一般的存在，作庭不过是理所应当的分内事。正因如此，对我而言，没有比作庭更快乐的事情了。

成为神是幸福的，但同时，人的意义也极其重大。反言之，是人将神引到这片大地。据说，达·芬奇参与开凿的运河通航后，他在山上望着河面船只，不禁感慨自己做了神的工作。我想他说的没错。自然之美，并非只有神能创造，人类凭借双手亦可实现。而我有幸承担这样的工作，这本身就是最大的乐趣，除此之外无须过誉。古人云："有天爵者，有人爵者。"[①]我不需要任何"人爵"，他人的

①"有天爵者，有人爵者。"见于《孟子》，意指比起官位、勋章，品德高尚才更重要。

赞誉不过尔尔，作庭本身就是莫大的荣耀，能让我成为神一般的存在。

作庭，即创造世上前所未有的景色，每作一庭，就给世界增添了一道美景，这是很可贵的事情。而另一方面，作庭者必须负起重责。尽管我们不必担心作品的流传，毕竟能够被永久保存的都不会差劲，最低劣的作品也会很快消失，但创造精品才是最重要的——没有杰作诞生，就得归咎于作庭者。承受如此重大的责任，让许多作庭者苦恼不已，但对我来说，这是一种享受。越是历经苦痛，越能有好的作品诞生。米开朗琪罗说过，杰出的作品是永远坚不可摧的。确实如此，以庭园为例，若是杰出之作，哪怕只留下一堆石组，一角池庭，也会显得与众不同。打磨这些细节，使之足够出色，就是我作庭时最大的乐趣。

在我漫长的作庭生涯中，我从未创作过完全相同的两个庭园。我极力避免模仿，避免成为“Epigonen”[②]，绝不仿造日本古庭园或欧美庭园，也尽量避免类型化。这是因为在创作之路上，模仿化、类型化无法给我带来乐趣。归根结底，除了创新，别无选择。

事实上，在我看来，作庭中理所应当有创新。庭园这一作品的

② Epigonen，即模仿一流的二流者。

创作前提就千差万别：宅基地的情况各不相同，建筑不会一模一样，主人都有自己的思考方式，周边环境因地而异，甚至作庭经费也可能相差悬殊。在这样的前提下作庭，不可能有完全相同的结果，且就创作而言，也理应创造出千差万别的作品。所以，说庭师、植木屋（译注2）这些专业人士所作的庭园是高度模仿化、类型化的，实在是荒谬至极。每个庭园都有创造性，这本就不足为奇。

另一方面，我对创作的坚持可能会变成工匠的困扰。每一处庭园都有不同的创作，会让合作多年的工匠都难以理解我的意图。而技术只能逐步推进，经常出现技术追不上构想的情况。不过对于努力创作的我来说，这样的日子每天都非常快乐，工匠们也喜闻乐见。

尽管我乐于创作，但过程也有许多艰辛。最痛苦的一点，莫过于“设计主人”。作庭一般源于某个委托人的请求，这些委托人往往是艺术爱好者，喜爱庭园自不必说，很多时候还对其他艺术感兴趣。他们会对营造提出许多要求，坚持要这样做或那样做。当然这

译注2：植木屋，类似于园艺家，从事植物的栽培、修剪、交易，有时也参与造园，广义上的植木屋包括了庭师的职能。

本身没有问题，如果要求合理也好办，然而，大部分都是无理的要求。在这种情况下，我就不得不先对委托人全面指导一番。对我而言，设计庭园是手到擒来，“设计主人”却是相当困难。但如果没能做好这一点，作庭就基本宣告失败了，最终的庭园不会成为一个真诚的、有艺术性的好作品。因此，无论如何都要让委托人充分理解作庭的方方面面。

正因为困难重重，所以在整个作庭的过程中，确保委托人时刻理解意图就显得很有必要。要创造杰出的作品，这一点尤为关键。一旦作庭方向与委托人的意愿背道而驰，作品就彻底失败了，委托人也应该对此有充分的认知。

我过往的经历中，有这样一件事。

某日，我带人参观京都的桂离宫，说起庭园、建筑方面的一些逸闻。其中一则是传言，并非真事，据说小堀远州[3]在指导营造桂离宫时，提出了三个条件：不惜钱财，不计年月，委托人不可中途旁观。

---

③ 小堀远州（1579—1647），江户时代初期的武将、茶人、作庭家，跟从古田织部学习茶道。

听完这个故事，返程时，其中一位参观者对我说道："其实我近日也在思考自家庭园的营造之事。我愿满足今日所闻的远州先生的三个条件，请先生您为我作一良庭。"于是，我接着说了以下这段话。

"那三个条件，对于作庭确实有利，但还远远称不上好的前提。你忘了最重要的一点，委托人自身需要达到一定的高度。资金重要，期限重要，主人不吹毛求疵也重要；但相比之下，委托人的文化水平、艺术水平、理解水平足够高，才是最重要的。作庭者再怎么努力，都只能打造出与委托人自身水平一致的庭园。"

如此说完，对方恍然大悟："我明白了，我尚且没有请先生作庭的资格。那么，在我学好之前，就暂且搁置作庭一事吧。"

就我的立场来看，难得有人诚意相邀，我却推了这桩美差，多少有些遗憾，但终归还是好的。若是说些恭维话，又完成了庭园，任由这一糟糕的作品留存后世，对我反而更加不利。因此，我不答应才是对的。

桂离宫作庭的三个条件中，最后有一条主人不可中途旁观。这是因为，如前所述，不懂造园的人在作庭时指指点点，恐怕会导致驴唇不对马嘴的结果。换言之，如果完全不懂庭园，最好的做法就是不要给作者提任何要求。毋庸置疑，说得越少，庭园越好。

但问题又来了。作庭没有日常固定的场所，没有所谓的工作室。作庭现场就是唯一的场所，同时充当工作室。作庭者一旦涌出创作欲，想尝试这样或那样的庭园，如果没有委托人，就只能画饼充饥。

因此，作庭一事，不可能作庭者想做就做。没有场所，这一艺术就很难推行。这固然可悲，但也是庭园无可奈何的命运。所以，只要有场所能够作庭，不论条件优劣，我们都应感到知足，用心营造。

不过细细想来，创作被赋予这般命运的庭园又是幸运的——正因如此，创作才能有所成就。作者对于作庭之所，会无比重视，并心存感激。我曾在昭和十三年营造禅宗本山京都东福寺的庭园，在昭和二十八年营造岸和田城本丸（译注3）的八阵之庭，这两次在经济上都是亏损的，但我不可能再有机会在这样的场所作庭，所以是很难得的经历，可以说千金难买。不知为什么，我非常确信，这两

译注3：本丸，日式城堡中的核心建筑。

座庭园能够流传千秋万载，这种信念反过来又给了我百倍的创作勇气。最终做出了好的作品，我当然高兴至极。

以上是我基于个人经验总结的作庭者的态度。然而，究竟为何庭园非作不可？这也是个引人深思的大问题。

海边有社寺（译注 4），民居里有庭园，风景如画的山村里也有开阔的庭园——换言之，这些无须作庭也能每日欣赏美景的人，却仍然乐于作庭，明明已经有了景色更大更美的“庭园”，那么，他们为何还要作庭呢?

我倾向于认为，美丽的自然终究是自然，而非人造。换言之，没有心血的注入，感受不到人的气息。而人类拥有艺术所依存的表现力，因此，无论眼前的山川湖海多么美丽，人都无法由此获得满足。

反言之，这样的美丽风景越多，人就越想从其他角度组合出另一种自然之美。从这个意义上说，京都龙安寺的石庭、银阁寺的砂盛④可以说是成功的，它们都有着与周围截然不同的庭园景观。

译注 4：社寺，神社和寺院的统称。后文皆同。

④ 银阁寺的砂盛，是指银阁寺中圆锥形的砂盛、向月台。

人们渴望重现自然之美，这与将爱鸟锁在笼中一样，想将对方占为己有，再倾注热情。这是一种自我满足，也是占有欲的体现。庭园是远不及广阔自然风景的微小存在，但许多人依旧营造着不足十坪（译注 5）的小庭园，在里面自得其乐，心满意足。大德寺大仙院的庭园就是一个范例。

固然大自然不由自己，但庭园这种小小的自然，总算可以随心所欲。自由打造的庭园，就由此诞生。

回顾日本的庭园史，会发现最初是越海而来的日本民族为了祭祀神明，将海上风景转化为池中浮岛。作庭动机似乎有些问题，但细想之下，用池岛景观再现海岛的做法，与今日作庭并无二致。或许，任何民族都天生有着重现自然的愿望。

因此，作庭是以再现自然之美为中心，日本庭园尤其如此，可以说是充分、集中展现自然韵味的典范。不过，说是“再现”，并不是指依样画瓢。人的艺术创作，是对自然的意译而非直译，有时是超自然、超现实、超写实的呈现。举例来说，一块立石可以表现

译注 5：坪，日本传统的面积单位，1 坪约等于 3.3 平方米。

高山，一片白砂可以表现海洋，此外还有种种更加抽象的表现。这一点在日本庭园中尤其重要。而诸如此类的方方面面，作庭时都需要一一顾及。

作庭要素

所谓庭园，可以只有土壤，也可以只有砂石。但通常会铺上青苔、草皮，再种上草木，营造立石、流水、池塘、飞瀑，加上石灯笼、手水钵、飞石（译注6）、敷石（译注7）等诸多要素，如此方得一庭。以往的众多庭园，都是对上述素材的叠加使用；比较罕见的例子是大德寺黄梅院的庭园——长方形地块上，一侧只有白砂，另一侧只有青苔。仅用砂的庭园中，比较有名的有慈照寺（银阁寺）由银沙滩和向月台组成的砂盛之庭，极具象征性，意味深远。许多禅寺的方丈前庭也只有砂这种要素，但单纯用白砂填满，不见一木一石，实在普通。类似只用白砂，稍配立石的例子，还有著名的龙安寺石庭。

译注6：飞石，最初是放在浅水之中的踏步石，现在也在庭园地面上配合步幅间隔放置。

译注7：敷石，平铺在庭园中、玄关前的石板或石块，没有明显缝隙。

虽然全庭仅枯山水景观，不设一草一木，只有配石，但考虑到是只用白砂的方丈前庭，这已是必然的结果了。正传寺、慈光院⑤的庭园则是整形修剪（译注 8）之庭，完全没有使用石材。这种独特的庭园，皆是基于素材的千变万化。我有个类似的作品，是东福寺方丈庭的里庭（北庭），只用敷石、青苔和砂石，交错如棋盘，近来还被人评价为蒙德里安⑥风。

另外，日本庭园中常见池庭，不论池塘大小，皆有观水之趣。然而，池庭成本颇高，若经费不足，便很难营造。自古以来，日本庭园就以表现海洋景观为目的，营造池庭便是创造大海，所以在日本，池庭的历史从未中断。唯独在室町时代中期、应仁之乱之后，由于经济不景气，才出现了新式的枯山水。这是一种完全不使用水的庭园，出于对海洋景观的难以舍弃而铺上白砂，以白砂象征海洋。前

---

⑤ 慈光院，奈良县大和郡山市的临济宗大德寺派寺院。由德川家的茶道指导先生片桐石州创建。

译注 8：整形修剪，一种将树木修剪成形的园艺技术。

⑥ 蒙德里安（1872—1944），画家，他用直线和三原色组合创作的作品 Composition 系列十分有名。

面提到的龙安寺庭园正是此类。此后枯山水流传甚广，从室町、桃山、江户一直延续到现代。在经费较少、取水不便的情况下，除了枯山水也确实别无可选。我就常常采用枯山水的作庭形式，至今的作品中有七成以上是枯山水庭园。

此外，枯山水这种形式还能够突破自然主义的作庭，较好地表现今天的抽象性，这让我对它又增添了几分兴趣。

我之所以在作庭上总是得心应手，要归功于昭和十年前后开始的对全国庭园的实地调查。我通过各种设计图和现场指导，了解了每个古庭园的特色。许多庭师告诉我，作庭时，往往用二三石就能形成出色的石组，要组合五六石，乃至十余个石块，反而棘手。换言之，石块数量越多，效果就越差，也越难处理。因此，明治以后的庭园，就再没有出色的石组了。

要说为何多位庭师都出现这种情况，实际上是因为他们从一开始就没有抓到组石的要领，而且技艺不精。在古代，石可以立起、组合、叠加，但到了后世，石仅仅用来摆放。江户中期以后，再没有因石组而美的庭园，就是因为庭师忘记了日本庭园的根本。他们的组石技术只依靠江户中期以后出版的几部秘传书，例如《筑山庭造传》《八重垣传》[7]，这绝非好事。这些出版物，只传授当时定型化的做法，否定创造性，当然不可能借此习得组石要领。

一直以来，我都在思考如何延续日本庭园的传统来组石，如何以平面设计的方式来布局，如何强调植栽在居住环境里的实用性，诸如此类。所以，组石自不必说，就是布局、地面纹样、植栽等方面，我也不会束手无策。不论营造什么样的庭园，我都可以稳步推进。作庭的素材从设计之初就已计算在内，我也会通过计算来选择素材，没有迫不得已的情况。正因为如此，我的作庭工作可以顺利进行，最终呈现一个出色的作品。

作庭的限制条件很多。单是场所，就要区分社寺、住宅、高级餐厅和酒店、公会堂、政府机关、学校等，时而还有公园、游乐场。就住宅而言，又可以分为纯日式、纯西式、日西折中等类型，面积有大小之分，地形有凹凸、高低之别，环境还各不相同，总之千差万别。但这种千差万别对作庭是有利的，且意义重大。如果一开始

---

⑦《筑山庭造传》和《八重垣传》都是江户时代的作庭书。《筑山庭造传》由北村援琴斋、秋里篱岛合著。《八重垣传》的全名是《石组园生八重垣传》（秋里篱岛著）。

没能充分理解这些条件，就会招致巨大的失败；很多时候，就是因为庭师在这方面理解不足。

庭园的首要前提条件，就是土地。如前文所说，不能充分理解根本问题的话，就注定会失败。设计方法很多，可以因地制宜，例如在高台或视野好的地方大量借景，在某些地方将景色彻底隐藏；若是市中心的住宅、中庭等场所，就创造一个取而代之的背景。在庭园、建筑中，设计的好坏自始至终决定着作品的成败，因此必须在设计上付出最大的努力。

庭园的设计

现在来谈谈作庭时的设计。大部分的庭园或建筑委托人，与其说他们对设计毫不关心，不如说，他们觉得花钱做设计是一种浪费。诚然，设计有三六九等，不管多么低劣的设计，最后都要为之付出高昂的设计费，确实让人无法忍受。然而，尽管很多时候设计费全无用处，但这种情况下若是不设计就作庭，结果只会更加糟糕。

因此，选择什么样的人来设计，是首要问题。错误的人选，只会让所有钱财都打了水漂。在营造建筑或庭园之前，必须首先充分研究需要怎样的设计者。但很多时候，候选人都是与委托人有各种关系的，要么彼此熟悉，要么经人介绍，要么旧时相识，所以选错设计者的例子非常多。

不要忘了，作庭家本身是艺术家。一流的作庭家通常已有许多庭园作品，不妨先看看这些作品，了解对方的创造能力。我过往的经验里，有许多例子表明，选用亲信往往导致最差的结果。如果没有选到合适的设计者，那么注定会失败。

不愿为设计花钱的人很多，但事实上，设计是成功与否的关键，花钱自是理所应当的。现在还出现了大致的标准，认为设计费应是经费的五分或一成（译注 9），仔细想来实在荒唐。可以说，在特殊情况下，设计费就算是经费的数倍也合情合理。按照上述标准，造价百万日元的建筑、庭园，设计费应在五万或十万日元左右；但若要获得最好的艺术品，相应地，可能要付出二百万甚至三百万日元。当然，也有一些设计连五万或十万都不值，所以选定合适的设计者很有必要。换言之，问题不在于花了多少钱，而是最终的品质如何。

译注 9：即设计费是经费的 5% 或 10%。

造价百万日元的建筑、庭园，要是花费五十万、一百万、二百万日元，就能有最好的设计，可以说是赚到了。在日本画、西洋画界，有二三千日元的画，也有三五万、成百上千万日元的画。好画即使定价高昂，也算不得贵。不过，辨别高下很难，所以务必委托一流的作庭家，尊重对方，信任对方，给予对方自由发挥的空间。

至于小堀远州营造桂离宫的传言，说他提出不惜钱财、不计年月、不可中途旁观三大条件，虽然真实性无从知晓，但确实有理，这是用最低成本打造最好庭园的方法。自完成以来，到三百年后的现在，桂离宫始终被全世界的学者、艺术家称赞为一流的建筑与庭园。如此想来，没有比营造桂离宫更划算的买卖了。以艺术品几百年、几千年的寿命来折算每日的设计费，显然相当廉价。

当然，不管设计多么出色，重要的始终是成品。直到作品完成，设计者都应负起全责，监督、指导整个过程。如今的设计者工作繁忙，导致设计与现场监督往往分离，但这是万万不可的。设计与现场紧密相关，不可分割，否则就彻底失去了设计的意义。按理来说，设计者会在图纸上标注每个细节，如果施工方能够充分理解，那么应当可以建造出与设计一致的建筑或庭园——然而，实际上，这完全行不通。以我的经验，如果自己只负责设计，剩下的全部交给施工方，实际作品就会与设计方案大相径庭。因此，如果设计者不能到场指导，设计就全无意义。尤其在营造庭园时，设计者必须同时负责现场监督。

具体来说，例如在建筑中，大致的设计理念都反映在了图纸上，似乎已经足够，但至于用锛子削除木料的程度、刨子的使用方法，诸如此类却未得到说明。另外还有墙壁色彩、涂刷细节等事项，也无法在设计图中体现。因此无论如何，都有必要到现场监督。至于茶室，现场监督的重要性更胜过设计，可以说，茶室的设计包含了设计与施工两个环节。

庭园方面，组石、植栽等的设计，最初都无法确定，所以绝对不能按照图纸布置石、木，何况有时成败就在此一举。所以，尤其在庭园的设计上，现场监督才能握有决定权，现场指导者的重要性无人可及。而代理监督这样的设置，几乎毫无必要。

毋庸置疑，真正的设计包括现场监督。事实上，到了今天，尤其在庭园方面，如果设计者仍孤军作战，未免显得不合理。有人认为，庭园是一种综合艺术，设计、组石、植栽、砌墙都应分工；但实现的唯一前提，是兼任施工的庭师愿意揽下其他部分的设计，目前来看，这还很难做到。不过，版画就是由草图师、雕刻师、涂刷师共同完成的综合艺术，这种合作在江户时代已很成熟，庭园方面应当也存在行之有效的类似方式，所以有必要在某种程度上将这一想法付诸实践。

就我的经验而言，我向来选择能够较好理解我的设计和现场的人。有这样的匠人在身边，不仅工作可以顺利进行，而且速度很快，手法纯熟。因此对于设计者来说，在作庭时首先要选用充分理解作者、熟悉这项工作的人。

尽管如此，在关键布局、地面纹样、组石、植栽等方面，设计者仍然必须亲自指导，否则难以达到理想效果。这不是工匠技法不精、头脑愚钝、敷衍了事，而是存在难以言明的细节。我有时会自己用搔板[8]绘制地面纹样，自己铺青苔，自己组石。换言之，那些无法用言语表达的细节，必须亲力亲为，否则就做不出让自己引以为豪的作品，甚至做出的作品不仅对不起委托人，自己都不忍直视。

说回设计。如前所述，首要的课题是设计委托人。“设计委托

---

⑧ 搔板，一种手板，可用于刮平砂。

人”这样的说法可能有些措辞不当——委托人若是白纸一张反而更好——但他们总会提出各种各样的要求，作庭者在多大程度上满足这些要求，就是对委托人的设计。此时有必要让委托人充分理解庭园的设计，否则最终难以交出一个出色的庭园作品。如果这样的问题在一开始没有被妥善解决，那么会影响到最后的工作成果。

设计中需要面对的问题还有很多，如场所的广狭、高低、土质、环境，庭园与建筑的和谐，庭园的用途、经费，诸如此类。这些都是设计者理应考虑的要素，在此我不再另作说明。

我更想表达的是，虽然这些都是不容忽视的设计前提，但很多时候，也容易造成作品的定型化、类型化，甚至是对已有作品的模仿——这是最坏的情况，所以融入创意很有必要。任何一个庭园，都是依存于特定场所的，不基于场所创作、没有特色的作品，毫无存在意义。举例来说，庭园可以只有石组，可以只有便于跑动的草坪，可以为了实用只铺上飞石，也可以侧重植栽以享受四季之美。总之，要针对所在场所，创造出有优势的庭园。设计的主要趣味，就在于挑战创造力的极限，只有创造才能决定设计的价值。花逢时而开，庭园这朵花，只有适时绽放才有意义。设计者需要铭记于心的是，作庭方式若走向定型化、类型化、模仿化，庭园这朵花便永不会绽放。庭园本就是观赏之所，当然可以基于观赏目的创造美丽的庭园；但仔细想来，所谓观赏，也已随时代变迁发生了巨变。平安时代是周游式庭园，镰仓时代是洄游式庭园，室町时代之后就变成坐视观赏式庭园——即使观赏同一个庭园，不同时代的方式也不尽相同。但无论现在还是将来，如果庭园仍像过去那样只用于观赏，那么就算变着法儿看，也无益于创新。若是规模较大的庭园，设计者就应该着眼于其他方面的利用价值。

譬如我在营造岸和田城（大阪府岸和田市）本丸的庭园时，就以永久保存这个庭园为目的，将石组作为核心。基于时效性，我还设想了未来空中交通的发展，在布局时考虑了乘坐直升机之类从空中观赏的可能。另外，我还设想利用庭园排演野外剧，举办绘画、雕刻、工艺品、花道等户外展览。为了测试这些设计目的能否实现，我通过直升机拍了许多照片，动员了白东社（花道研究组织）在此举办白东社展，又让我的女儿（重森由乡）尝试了户外舞蹈。结果好坏任人评说，反正在我心中已经大获成功了。

未来创造的庭园，不应模仿已有的庭园，也不必受此限制。今天和今后的庭园史，是源自我们的全新创造。条件允许的话，可以用陶器制作抽象作品，替代石块置于庭中，可以随心所欲地将石块雕刻出新的形状，还可以将树木修剪成前所未见的造型——总之，创新的方法不计其数。

此外，设计庭园还要考虑其他种种问题。古语有云，医者不入有庭之家。虽不是定论，但大体来说，有庭园的家，往往周围空间开阔，空气流通很好，自然有益于健康。而空气清新，阳光充足，终归有益无害，所以无论如何人们都是需要庭园的。若是都市里的住宅，尤其在拥挤的市中心，更应先打造一个庭园，哪怕只是利用极小的空间。有庭园才是完整的都市住宅，没有庭园的住宅，就像住宅的半边瘫痪了一样。

既然住宅里的庭园与生活息息相关，那么脱离生活的庭园，就显得毫无价值。设计者和施工者尤其应该重视这一点，试着站在主妇、孩子、访客的角度思考庭园。当然，这并不是说，要给主妇提供晾晒场，为孩子打造游乐场——这些也不现实。或许宽敞的庭园可以容纳各种设施，但狭窄的庭园绝无可能。因此，更应该给主妇设计一个几乎无须清扫的庭园。我向来会在这方面下足功夫。譬如在都市住宅里，组合几块小石，铺上杉苔和白砂，就足以营造出一个非常美丽的庭园。

做打理庭园、清除杂草这些事，原本是一种乐趣，但在如今这个众生忙碌的时代，早已不太有这般闲情逸致了。即使有个漂亮的庭园，能享受清扫之趣的人也日渐稀少。因此，我特地设计出几乎无须清扫的庭园。考虑到除草总是最麻烦的环节，我直接在地面铺砂浆，再在上面覆盖砂石，以防止杂草生长。安排植栽时，我也会尽量让叶子落在不必清扫的地方。正因为如此，最终的庭园很受主妇们的欢迎。

至于孩子，我为他们准备的并不是常见的草坪游乐场，而是砂石游乐场。我会特别选用白川砂这样的白砂，让孩子既能在砂中嬉戏，又能在砂上自由自在地画画。由此，庭园可以保持美丽，孩子也能快乐嬉戏。另外，为了照顾访客，我还放了一排石块，以便他们观赏的同时，坐下休息，兼具美观和实用性。周边再铺上草坪，喝喝酒、开个茶会完全不成问题。

这只是一个例子，总之设计要迎合时代变化，十二分地注入生活气息，这至关重要。庭园不再像过去那样，它不是只属于主人的庭园，不是只为访客准备的庭园，更不是仅供观赏的庭园。添一块坐石便于家人、访客小憩，用某个雕刻物取代石组用于观赏，诸如此类的创作可以多种多样。

今天的庭园容易被视为一种私有物，尤其是住宅庭园，通常有大门，有围墙，不对外开放。就算有主人十分理解庭园的本质，至今也没有开放自家住宅庭园的例子。不过，我依然希望，有朝一日，出色的住宅庭园能够以某种方式对公众敞开大门。所以，目前而言，营造社寺、有望开放的公园，是最令我快乐的事情。营造住宅庭园的情况下，假如庭园不会暴露居住活动，我还会立起竹篱笆，让经过的路人看到住宅里的庭园，这时四目垣⑨或是我创作的东福寺篱笆，就发挥了作用。

社寺的庭园，往往像公园一样对外开放，也更可能得到永久保存，因而身为作庭者，总会倾尽全力营造。但棘手的是，社寺庭园对应的建筑多是古典形态，使得作庭很难出新。好在这些场所只要稍加设计，就能产生万千变化，所以还是应该多多发挥创意。

昭和十三年，我在京都禅宗大本山之东福寺，营造了方丈庭园

---

⑨ 四目垣，将竹子纵横连接的普通竹篱笆。

以及塔头（译注10）光明院的庭园，那时我就尝试了新的作庭方法。像是方丈庭园里有许多贵为国宝的建筑，其柱石在大修之后没有了用武之地，于是我利用这些柱石，组成了北斗七星的图案；还有一些废弃的敷石，被我铺成了棋盘状。野口勇⑩见到我的庭园后，称赞为日本的蒙德里安之作。光明院的庭园以石组为核心，石块之间连成的线条有机交叉，共同表现光明这一主题。与此同时，作为背景的大片树木被修剪成波浪状，地面做成大洲滨⑪，全庭铺上青苔，中央以白砂作海——这样一来，各个石块仿佛随波起伏，趣意盎然。

由此我不禁想到，庭园与绘画、雕刻等一般工艺不同，因为呈现的舞台比较开阔，观众需要移动观赏，而视角的大幅移动，使得石组、植栽没有固定的表现。换言之，庭园里的一石一木、假山池沼都会随着观赏者的移动而变化，即步移景异。这固然是设计难点，但也可以造就出神入化的效果。所以在设计时务必思考这一方面，否则可能招致巨大的失败。

译注10：塔头，是禅宗寺院中，在祖师或高僧圆寂后，为纪念他而在寺内建造的墓塔或小院。

⑩ 野口勇（1904—1988），雕刻家、室内设计师、造园家。

⑪ 大洲滨，在（以砂石象征的）池塘、流水之岸铺上石块的护岸方法。

或许很多人认为，设计就是在纸上画画草图，但事实绝非如此简单。正如以上所述，设计的前提条件各种各样，所有问题都要得到妥善解决。

最后我想指出，设计是决定作庭良莠的关键，围绕当下来创作，给人耳目一新之感，才是最重要的。何况庭园是一门包罗万象的艺术，因而设计必须与时俱进，彰显时代的气息。极端点说，只有新潮才是艺术，容不得一丝古板老套。古代的名园在完成之初，也是充满新意的存在。就算到了今天，西芳寺、天龙寺或金阁寺的池庭布局，仍然显得不同寻常，而龙安寺的石庭、银阁寺的砂盛之庭，也依旧能给我们带来新的视觉冲击。只有反映时代理念、站在时代前端的庭园艺术，才是成功的。换言之，只有今时今日的创造，才有资格作为现在的庭园、将来的庭园，被永久保存下来。

一个石块，于绘画，于雕刻，于观看，形态皆不相同；即使以绘画展示，若手法相异，结果亦有差别。这正是创作。令石块直立、倾斜、横平、俯卧等千变万化，以至于看石不是石，创作便可由此而生。（一九五八年，六十二岁）

观庭心得

所谓观庭，是将庭园作为一件艺术品来观赏，因此恰当的心境很有必要。

如今不只在京都，许多地方的社寺都保存有出色的庭园。虽说这些地方主体是寺院，但大多都已成为时下的观光地，支付参观费用后便可自由游览。还有一些寺院不收费，也谢绝参观，所以相比之下，付费就能自由参观已是万幸。但另一方面，有些寺院每天都有数千人涌入，想要悠闲地观赏庭园并非易事。

参观寺院，常用“拜观”一词，即参拜、观摩之意。这确实是个好词。事实上，我们在入寺后、观庭前，最好先去供奉本尊佛或开山始祖的方丈殿礼拜。这绝不是迷信迂腐，合掌敬拜本尊或祖师，就等于问候场所的主人。此时的心境直接关系到庭园的观赏，庭即佛心，观庭即面佛。

当然，你可以不把庭视为佛，但庭园是艺术品毋庸置疑，因此仍有必要认真对待。这与对待神、佛的态度是一致的。如果你觉得看不看都可以，那么就没必要前去观庭。换言之，观庭不是单纯的游赏，它需要真挚的态度。

除此之外，要想自在而悠闲地观赏、研究庭园，参观者必须足够少才可以。

这种时候，解说不仅没有必要，而且常常成为阻碍。许多允许参观的寺院在收取费用之后，出于感谢会提供庭园解说，但事实上，这些解说往往在宣传寺院本身。搬出梦窗国师[1]、相阿弥[2]、小堀远州这些与眼前庭园毫无关系的作庭家，描述并不可信的寺院传说，有时还夹杂着说教的意味。虽然很多参观者对此心存感激，但对于有心观庭者来说，无非是多此一举。有些寺院还会用磁带播放解说

---

① 梦窗国师，即梦窗疏石（1275—1351）。镰仓时代至室町时代的禅僧，相传为西芳寺、天龙寺等名庭的作庭者。

② 相阿弥（？—1525），室町时代的画家。相传为青莲院、银阁寺的作庭者。

内容，同样让想要静静欣赏艺术品的观者万分困扰。

至于观庭前的准备，诚然，阅读可信书籍了解相关知识有一定的必要性，但有些时候，需要无意识地沉浸于庭中。提前储备知识，反而不得庭园之妙，这种情况也很多。

近来，随着参观者的骤增，越来越多的寺院不允许游人入庭，有些甚至连同书院（译注1）一并禁止入内，以免游人从旁观看。之所以这样做，是因为大部分参观者举止冒失，踩踏青苔，行为散漫，与同伴随意拍照，给寺院方面带来很多困扰。

一般来说，这样的人只要有一个存在，就会影响其他行为端正的参观者。但话说回来，毕竟不是所有参观者都劣行斑斑，寺院仍有义务予以充分展示，参观者也必须注意自身言行。

日本的庭园，是在多种意义上对自然景观的再现。可以说，庭中几乎所有的素材都是天然的状态。但这引发了许多观赏者的误解，

译注1：日本寺院里的“书院”，最初是僧人生活起居之所，后来受到武家住宅中兼具书斋和客厅功能的“书院”的影响，意义也发生变化。“书院”通常紧邻室外，是观赏庭园的好位置。

认为庭园既然以自然素材为中心，越是接近自然形态，便越是优秀。

确实，庭园素材都源于自然，但造型不仅仅是为了再现自然。每一个庭园都是各个时代作庭者的心血，是从不同立场、不同角度对自然的展示，时而抽象浓缩，时而象征反射，时而富有意趣，时而别有情趣。正因如此，日本庭园是高等的艺术品，不应以单一的自然主义或写实主义来解读。

庭园早已不是自然之物，在很大程度上，它是脱离自然的一种艺术品。自然拥有神所创造的千万种形态，庭园则是人所创造的超自然的形态万千的作品。没有完全相同的两个庭园，彼此之间的差异也是趣味之所在。

这样的庭园，并非看过一次、两次或三次就能彻底理解。到处观庭的人中，也有一些认为，看过一次就不必再去第二次，这只是不懂庭园罢了。

庭园与其他艺术品不同，是一个活着的生物性的存在。天晴，下雨，飘雪，浓雾，各有意趣；早晨，傍晚，午时，不尽相同；光线明亮的日子，与阴云蔽日的日子，亦有所差异；参观者的多少，同伴的有无，都会产生影响。虽只一庭，却有千变万化。以为看过就无须再访的想法，实在愚笨。

像是龙安寺、西芳寺等出色的庭园，甚至有必要观摩几十次。看过两三次就说理解了，真是大言不惭。

观庭时，即便面对同一个庭园，是与众人齐赏，还是独自悠然观之，是拍照确认每个细节，还是手绘了解核心部分，是实际测量调查，还是翻阅文献来研究，实际上都有很大区别。即使曾在学生时代的修学旅行中到过某个庭园，也不能算真正看过。即使像刘姥姥进大观园一样，听讲解听得津津有味，也不算看过庭园。不只是庭园，建筑、佛像乃至所有的艺术品，都不是随随便便就能理解的廉价之物。

事实上，包括庭园在内的艺术品都是实实在在的营养品，观赏过程就是对内在的滋养。若是仅仅匆匆一瞥，营养价值就只能被简单快速地吸收，也谈不上丰盛了。支付了一百日元的参观费，最好的情况莫过于从庭园中得到了价值数万、数十万日元的营养；如果花了一百日元，只得到了价值十日元的营养，无疑是巨大的损失。

不过，能否从中摄取大量的营养，还得取决于观赏者的能力、态度和努力程度。

观赏庭园或建筑，应当能够从中发现直击灵魂的要素。如果听完关于相阿弥的作品的解说，只能回应一句“啊，我明白了”，那必然是可怜之人。艺术品之中，往往藏着在生活里被我们遗忘、实则值得赞叹的生命。我们必须在判断庭园良莠之外，发现这种生命的存在。

面对一个石组，不妨想想石与石之间如何实现和谐，又是否在某些地方打破了和谐，想想作者试图通过石组表达什么，而我们又从眼前的石组中听到了什么，想想沉默在这里有何意味——我们应该沉浸其中，进行诸如此类的思考。

对于观赏者来说，观庭时的自我判断很有必要。你最好能够分清寺院住持的解说是简述还是误传，若是后者，又在何处有误，诸如此类；或者索性不听解说。最真实的只有庭园本身，只有与它对话，才能获得最真实的答案；然而，对话庭园，并非易事。

不过，要是态度恰当，庭园通常也能向你坦白个大概。首先，你可以判断出作庭年代，大致了解作庭者。其次，你会知道，这座庭园的哪些地方有损坏，大约在何时得到修缮，修得是否正确。

始终记住，这些由庭园直接传达的内容才是最准确的。而住持、导游的解说，有可能掺了模糊真相的魔药，务必注意。

许多艺术品都与我们的生活有着或大或小的关联，而庭园尤其与生活息息相关。因此即使是寺院的庭园，在古代也是围绕生活空间进行设计的，没有哪座庭园是为了展现本堂（译注 2）、本尊佛的庄严气象而作的。纵观京都的古寺院，不存在从一开始就造园的例子。金阁寺的庭园先后是西园寺家[③]和足利义满的山庄；天龙寺的庭园，最初是后嵯峨院[④]仙洞御所[⑤]的庭园；西芳寺的庭园曾是藤原师员[⑥]的山庄；银阁寺原本是足利义政的山庄东山殿。由此来看，并非庭园始于寺院之内，只是所在地后来改为了寺院。这才是真相。就算在寺中作庭，大多也是为方丈殿、库里（译注 3）、客殿、书院而作，为本堂作庭的例子闻所未闻。

译注 2：本堂，日本寺院里供奉本尊佛的正殿。

③ 西园寺家，藤原氏北家的支脉，家格是仅次于摄关家的清华家，权势之大，一度超过了摄关家。

④ 后嵯峨院（1220—1272），第八十八代天皇。

⑤ 仙洞御所，退位天皇的御所。

⑥ 藤原师员，即中原师员（1184—1251），镰仓时代的将军家臣。

译注 3：库里，寺院的厨房，也指住持及其家人的住所。

庭园诞生于与生活密切相关的环境之中，它是真正的艺术品。若脱离生活，便不成艺术。如果不能充分理解这一点，就无法正确欣赏庭园。

在某种意义上，庭园的创造从上古一直延续到了现代，这是因为只要人类存在，庭园就会与生活紧密相关。但人们生活的腐败，也会导致庭园的腐化。江户初期以后庭园的没落，就是因为人们受到封建制度的腐蚀，找不到正确的生活方式。

庭园与生活在这方面的紧密关联，使得各时代的庭园也反映了各时代的生活。人们或许能够脸不红心不跳地撒谎，但庭园绝对不会欺瞒。这样来看，观庭亦有可畏之处。

人们总会希望发现、学习彼此生活中的可取之处，创造一个优秀的庭园；但你应当知道，如果自己的生活不端，即使砸入重金，也无法营造出优秀的庭园。那种认为花了钱就能造出好庭园的想法，是极其错误的。

如今，我们应该理解，且大加宣扬的是，不仅庭园需要妥善保存，许多文化遗产都是如此。

但在保护之余，对于这些保存下来的文化财产，我们也必须有正确的认识。如果只是保存，却不懂如何正确欣赏，就失去了保存的意义。

此外，单纯知道如何正确欣赏也是不够的。必须借此将所得变为自己的血与肉，进而通过自己的双手，创造出值得留存于后世的文化遗产，为下一代所用。若非如此，保存文化遗产的意义又在何处？只是将文化遗产保存起来，束之高阁，没有任何意义。

因此，观庭应予以全身心的投入，将庭园之美当作养分，滋养自己的血与肉，然后面向下一个时代，创造出伟大的文化遗产。我辈须为此而努力。

否则，反复游赏庭园，有何意义？（一九七四年，七十八岁）

日本庭园的抽象性

（一）

谈及日本庭园，许多人往往将其与欧美各国的庭园相比，称赞它的自然性。这种理解乍看之下是对的，日本庭园确实有很多方面可以印证这一点，但事实上，对于所谓的“自然性”，可以有很多解读。庭园中的素材，例如石、砂、草、木、苔，皆是自然之物；日本庭园的组合方式，例如假山飞瀑，流渠池沼，水中小岛，大多仿照自然风景。这样来看，说日本庭园是自然主义，并无不妥。

然而，当你实际研究日本庭园时，假如只看到其中的自然性，就无法真正欣赏庭园。以古庭园中的西芳寺庭园、鹿苑寺庭园、慈照寺庭园为例，初见确实能感受到十足的自然主义，但如果分析方方面面的构成，就不会简单地从自然风格、自然主义的角度来评鉴它们。

来看西芳寺池庭和天龙寺池庭的布局。二者都有一条被称为“洲滨形”的汀线，原本多指海岸线或滨水线，但这里不是以一种自然、写实的方式表现水岸，而是某种意义上的意译，是图案化的线条。诚然，原型存在于自然之中，但庭园不是对类似场景的还原或模拟，而是一种再创作。奈良时代古庭园里的荒矶，在《万叶集》第二卷中就有提及：

> 延伫常于此，池中岛上石；昔者未有草，今见草已碧。（译注1）

可见早有表现荒矶的池庭。荒矶、洲滨都是海边的优美景致，庭园中则是用创造性的方式将其微缩展现。

一直到平安时代，大多数池庭都没有忘记自古以来用于表现海洋的本质。话虽如此，真实的海洋风光终究难以企及，最终不得不采用缩景的方法。这就形成了某种必然：既然呈现写实的、自然的景观绝无可能，那么哪怕是对景观的浓缩，也必然具有了创造性。《作

译注1：此处使用了钱稻孙的译本，可参考《皇子尊宫舍人等恸伤作歌廿三首》。译文中的“石”，在日文原诗中即“荒矶”。

庭记》[1]中就有如下片段：

> 做大海洋，应先立石或荒矶之样态。其荒矶者，于岸边置若干嶙峋前突之石，沿离岸方向，连立多石，伸向水面，犹似岸边水际、裸露岩石之延续。水中还宜稍置孤离之石。此皆激浪拍岸之所、浪击所成之形。其次，再随处伴以洲崎、白滨，其上植松。（译注 2）

作庭需创造大海之样，然而仅仅利用开阔水面无法表现海之样态，因此首先表现荒矶之景。至于荒矶所指代的巨浪冲刷岸石之貌，虽是海滨常见景象，但营造时并非写实还原，而是做了抽象的处理。

洲滨形也不似绘画中有固定的画法，相反，在庭园中的表现形式可以十分自由。《作庭记》中这样写道：

> 洲滨形，岛形如普通之洲滨，但不宜过分规整，形如绀纹等状。虽同为洲滨之形，当或舒展伸长，或歪斜变形，或背背相错，或与洲滨之形似是而非。其上散沙，再稍植以小松。

---

① 《作庭记》，平安时代的作庭方法秘传书。

译注 2：本书的《作庭记》片段，皆引自张十庆的《< 作庭记 > 译注与研究》。

这里认为，即使同为洲滨形，也应作多种样态。表现岛形自不必说，亦可与池形相似。因此可以看到，西芳寺庭园与天龙寺庭园的洲滨形迥然不同，前者接近圆形，后者是长条状。这种表现方式，不仅仅是对海岸线的模仿，有时还可以顺应地形，自由创作。

（二）

庭园中的石组也是一样。以泷石（译注3）为例，西芳寺上部的枯山水瀑布，是以枯山水的形式尽可能抽象地表现水，这种方式绝不是自然主义。用日本画的手法，将石块组合成抽象的水流，这完全是独门原创。天龙寺庭园、鹿苑寺庭园、常荣寺[②]庭园的龙门式瀑布中，还有基于传说的龙门瀑[③]石组，其营造手法既不是自然主义也不是写实主义，而是一种极其抽象的表现方法。在这种龙门式瀑布里，对鲤鱼石的处理尤其抽象——鲤鱼石往往是一块巨石，形状

译注3：泷，即瀑布之意，日本庭园中多有以石营造瀑布之样，这些石块即泷石。

② 常荣寺，日本山口县山口市的寺院，属临济宗东福寺派。庭园延续了作庭家雪舟的风格。

③ 龙门瀑，中国有“鲤鱼跃龙门”的故事，龙门瀑即瀑布状的一组岩石，表现鲤鱼跃过的三级瀑。

与鲤鱼相去甚远。在天龙寺庭园中，虽然要表现鲤鱼石飞越一级瀑、化而为龙的传说，只能采用抽象的方式，但由于瀑布确实是落水，所以也必须创造让水落下的自然条件。水的流动和落下都有自然主义的要素，不过，由于最终是微缩的景观，在自然表现之外，相当程度的抽象表现同样不可或缺。

《作庭记》中主张的瀑布做法，例如向落、片落、传落、离落、稜落、布落、丝落、重落、左右落、横落，本身是自然表现。但如此多样的组合形式，其意图并非出于自然主义或写实主义，而是为了抽象表现瀑布的最美状态，这也是作庭家努力浓缩美之精髓的创作手法之一。

日本庭园中，有可能最能体现抽象结构的，便是这些石组。若想用石块表现山、瀑布、舟船甚至任何事物，必然要在抽象性上费一番苦功。正因如此，后世出现高度抽象的以石组为核心的枯山水形态，可以说是理所当然的结果。而龙安寺石庭，无疑就是其中最具代表性的作品。

龙安寺石庭里，白砂上立有十五个石块，以表现海面诸岛，每一石极其抽象地代表一座小岛。在这一点上，大德寺大仙院庭园、妙心寺灵云院庭园更倾向于自然主义；但即使如此，也是类似某种水墨画的表现。毋庸置疑，抽象性始终是重点。

（三）

日本庭园中，强烈的抽象性还体现在其他方面，例如砂堆、砂纹、精心修剪的植栽等。砂堆的代表，是慈照寺银阁的银沙滩和向月台，很多人看过之后，批判其不自然，难以理解。这无可厚非——对于此类以抽象形态为重点的庭园，偏要用面对自然的观赏方法，当然无法理解。事实上，正是银沙滩、向月台这样高度的抽象表现，才道破了日本庭园的真正价值，堪称最高等的美学表现。只是一般观众无法理解，令人深感悲哀。白砂上的砂纹也是极端的抽象表现；而越是抽象，越能凸显庭园之美。

另外，在整形修剪手法里，“大修剪”也是一种典型的抽象表现，赖久寺庭园、大池寺庭园[④]就是最具代表性的例子。“大修剪”抽象

④ 赖久寺是冈山县高梁市临济宗永源寺派的寺院。大池寺是滋贺县甲贺市临济宗妙心寺派的寺院。据说二者的庭园都出自小堀远州之手。

表现了某种波浪形态，它无疑是不自然的，是对自然中高度的美的进一步抽象化。

以上所述的日本庭园的抽象表现，是指石不必当石，亦可表现山、水和其他事物；植物也不仅用作植物，还能被修剪成各种象征形态。所有这些素材，都可以脱离本质，来表现池之内容；庭园布局也是一样。因此，不充分认识到这些，就必然无法正确欣赏庭园。（一九五五年，五十九岁）

日本庭园的整形修剪之美

（一）

庭园之美，包含种种要素。在庭园的构成上，就有布局之美、筑山（译注 1）之美、组石之美、植栽之美等，这些美主要源于人们在艺术层面的感知、意愿，以及与技术的结合。另外也有自然素材本身的美，例如水、砂、苔之美，还有特定时令的鲜花、红叶，加上雨、雪、风、月等自然现象的综合之美。庭园不仅是一门艺术，而且由于它拥有自然界中的种种要素，因此成为与众不同的特殊存在，继而被赋予了一种特殊的美。

译注 1：筑山，即庭园中的人造山，也称堆山。

（二）

正因如此，可以说，庭园是每天都在生长、变化的艺术。在庭园要素中，植栽尤其能体现出这一点。不过，有时作庭者最初的设计意图会因植栽的巨大变化而彻底改变，还有的时候，则需要通过植栽附加某种目的，这个时候，就轮到整形修剪大显身手了。

整形修剪不仅见于日本庭园，也见于欧美各国的庭园，在16世纪左右的英国，各种整形修剪格外丰富。然而，日本庭园所展现出的整形修剪，与欧美诸国庭园的截然不同，可以认为是日本庭园所独有的。

日本庭园的整形修剪有大修剪、小修剪两种。大修剪大多是修剪各种各样的植栽，以大木类为主，面积很大。小修剪主要是一棵树，自然比较小。大修剪通常用于充当庭园的主背景，小修剪通常用于营造局部或细节的景观之美。因此，尽管同样是整形修剪，在作者意图、庭园结构、美的表现上，大修剪和小修剪也存在着巨大差异。

（三）

先来谈谈大修剪。大修剪是安土桃山时代发展起来的事物，颇有豪盛之气，例如在备中高粱市的赖久寺庭园里，作为背景的大波修剪、庭园中岛的大修剪，都有很强的表现力。相比之下，到了江户时代，修学院离宫上御茶屋[1]里的大修剪筑山、池塘大修剪，奈良大和郡的慈光院庭园里的筑山修剪，东京都的小石川后乐园和六义园的筑山里的山白竹大修剪，都略微失去了这种豪盛之气，在表现力量美的方面有所不足。但同样是江户时代的作品，在江州大池寺庭园里，仍能见到桃山时代的豪盛。

例如在赖久寺庭园中，从上部斜着向下的山茶花叶一片墨绿，与前面浅绿的皋月杜鹃共同组成大波修剪，充分表现了作庭者天才般的艺术意志和令人惊叹的构图能力。对大修剪出奇敏锐的色彩感知，以及富有现代感的线条构图，让整个背景极具力量感。而相比之下，修学院离宫的筑山和池塘的大修剪、慈光院的筑山大修剪，由于其创作意图只是为了表现筑山或池塘，别无其他，因此体量感

①京都市左京区的修学院离宫由上、中、下三离宫组成，上御茶屋是最上处的庭园。

就没有那么强烈。如此想来，哪怕是单一的整形修剪，也应该从一开始就具备明确的艺术意图，从而能够单独表现内容或进行构图。若是仅仅作为背景，或表现筑山，就很难打造出强烈的艺术感染力。在赖久寺庭园中，作为背景的大修剪并非单纯的背景，它还象征蓬莱仙境之海，与本庭中的鹤、龟二岛相对，独自表现出了海上的层层巨浪。大池寺庭园与此类似，以水平向的“波浪”作为背景，围绕着中央的船形大修剪，整体的豪盛力呼之欲出。

修学院离宫的大修剪、慈光院庭园的大修剪，都混合了数十种植物，四季有丰富的色彩变化，既增添了庭园之趣，也可以展现搭配自然景观的创作力。不过，整形修剪的线条和构图都稍显普通。还有像大仙院庭园这样，稍稍牺牲整形修剪自身的表现力，辅以增强石组的表现形式。在这一点上，大德寺方丈庭园的大修剪不仅起到了辅助石组的作用，自身构图也很精彩。

整形修剪的独立性也体现在了正传寺庭园中：整形修剪以七五三（译注2）的比例分组，颇为有趣。不难察觉，这里的整形修

译注2：七五三的比例更常见于石组之中，即十五个石块按照七、五、三的数量分成三组。正传寺庭园就是对此的借鉴，团簇般的整形修剪也分成三组，在体量上恰为七五三之比。

剪取代了石组，几乎构成了庭园的全部景观，其在创造性方面的巨大价值也由此得到认可。

（四）

至于更常见的小修剪，形态就更加多样，包括方形、圆形、扇形、菱形、鹤龟形等。不过，在真珠庵[②]庭园、大德寺方丈东庭中，小修剪用于搭配七五三石组，在江户时代中期以后的庭园中，小修剪也常被石组替代，或作为石组的附属，完全失去了最初的独立性。这种小修剪深受众多庭园业余爱好者的欢迎。

小修剪失去这种独立性，与它诞生的时期——江户时代中期有关。现在的古庭园——包括镰仓时代、室町时代、桃山时代的庭园，固然也有小修剪，但实为后世的添作。在江户初期以前的庭园环境中，小修剪完全是另一种存在。此外，在古庭园中，石组、植栽都有其独立性，这一点值得注意。

---

② 真珠庵，大德寺的塔头之一。

（五）

之所以有整形修剪，是因为作庭师希望庭园最初的创作形态永远不变，而极具独创性的整形修剪也带来了高度的震撼力和艺术美。大修剪还包括建筑要素，可以展现各种线条之美，同时也否定了自身作为植栽的自然性，按照作庭者的意图造型。在某种意义上，可以说没有什么能比整形修剪更富有造型力了。

因此很多时候，作庭者的造型技艺都得到了有力的表现，甚至还发展出了抽象主义、立体主义等各种各样超自然主义的造型。不过，我们还必须培养整形修剪方面的造型能力。一旦墨守成规，日本庭园的未来除了消亡就别无可能。在今天这个时代，我们应该创作属于今天的日本庭园，应该让今天的作品能够在通往未来的道路上留下深刻的足迹。愿与林泉协会的诸位仁兄共勉，朝着具备这样的创作能力而努力。（一九五四年，五十八岁）

林泉愚见抄（无为之宝库）

今年下了数十年不遇的大雪——所幸京都的雪不算很大——甚至出现了一个新词“豪雪”。受寒冷气候的影响，庭园里的花全部迟开了将近一个月，本应在十二月初绽放的山茶，今年完全没开。只要我在家，我通常都会亲自准备床之花（译注1），供自己欣赏。无论挂书画还是插花，我都只有自己动手才能满意。常言道，一个家里，丈夫插花，妻子就不插花；妻子插花，丈夫就只管悠闲在旁，这样往往比较合适。与上述情况不同，我家的情况是，我插花但不种花，妻子则十分乐于种花。一人种，一人切，其乐融融。看似不平衡的状态，反而调和了夫妇之间的关系。

观庭和作庭也是如此，很多时候，越是不平衡的植栽、石组，

译注1：床之花，放在“床之间”（类似壁龛的凹间）的插花。

越是赏心悦目。常绿树对落叶树，乔木对灌木，立石对横石，都异常协调。不过，这并不意味着打破平衡就是最高境界的美，对称的事物也可以实现最高境界的美。

日本庭园中向来有特别巨大的庭木，附近还会放置石组。就算是稍大的石块，比起巨木仍显得小巧。日本人早已习惯如此，不会觉得不可思议，但有时外国人会好奇这种失衡的不自然性。当然这是不自然的——不论怎么想，只要站在自然主义的角度去观赏庭园，就一定会觉得不协调。

但有一次，面对外国人这样的提问，我告诉对方，这种不自然正是日本庭园基本的美。日本庭园在初看之时似乎十分自然主义，但这是相对于国外的规则式庭园而言的。日本庭园，绝不是单纯的自然主义的产物，它只是在自然、真实的基础之上，进行抽象展示。自从上古时代以来，作池，是以大海为目标；平安时代，也主张模仿大海的形态。无论额多部园池[①]、大泽池[②]庭园、毛越寺[③]庭园有多

---

① 额多部园池，即奈良县大和郡山市的额田部御池。

② 大泽池，旧称“嵯峨御所”的大觉寺所在的京都市右京区里的一座人工池。

③ 毛越寺，岩手县平泉町的天台宗寺院。中央设有一座“大泉之池”。

么广阔，只要最终是营造庭园，就不可能做出像大海那样宽广无垠的事物，所以只能用抽象方式来表现海景之美。也因为这样，池畔会有一条名为洲滨形的抽象曲线；营造的瀑布亦不可能像那智瀑、华严瀑（译注 2）那样，而是抽象的小型瀑布。

换言之，日本庭园是通过抽象的方式来创造另一种自然之美。因此，庭木、石组的不自然，反而是好事。有人认为日本庭园是对自然原原本本的再现，这是有偏差的；事实上，如果站在自然主义的角度来作庭，就大错特错了。《作庭记》中也有提到，作庭者应记住考察过的诸国名所胜景，将其融入自己的创作，如此这般才能令人钦佩。

前几日，本会会员小河松吉[④]来我家参加初釜（译注 3），苦笑着分享说，有人在参观过他家的庭园后感慨，若是庭中下雪，一定会很美。或许一般人都会认为下雪的庭园很美，但实际上，只有下了雪才显得美丽的庭园是糟糕的；不下雪时反而美丽数倍的庭园才

译注 2：那智瀑、华严瀑，是“日本三大瀑”之二（另一个是袋田瀑），气势磅礴。

④ 小河松吉，石见交通的创立者。

译注 3：初釜，新年伊始举办的茶会。

称得上优秀。像龙安寺、大仙院这样的庭园，甚至不会因雪而美。

借景式庭园从明治时代一直流行到了今天，但如果庭园之美必须借助前方的山海之景才能显现，那作庭之事全无意义。西芳寺、桂离宫的庭园是在隔断背景之后，才成为真正出类拔萃的庭园。观赏龙安寺的庭园时，如果将土墙外的灌木丛也纳入视野，就不能称为正确的观庭。这些借景，就好比狐假虎威。

人类的本质应当是赤裸的。如果不在名片中印上头衔或公司职务，不在言语中提及，就无用武之地，那么无论多么显赫，也与小人物无异，甚至是个自恃清高的小人物。事物无须明辨，技术不必致用，没钱就不说有，有钱也不说没有，凡事无为则佳。无为之宝库深不见底，时间和空间上的财富皆能无限汲取。（一九六三年，六十七岁）

紫阳花林泉秘抄（彩绣球袋饰）

每年的土用丑日（译注1），我家一定会摘来紫阳花，包上熨斗纸（译注2），扎上五色丝带，挂在各个房间的天花板上。许多客人都会问那是何物，其实就是彩绣球袋的替代品。

所谓彩绣球袋，就是将麝香、沉香等香气浓郁的药物搓成球，包入锦囊，有时插上菖蒲、蓬草，有时用五色纸、五色丝带装饰，在五月五日节句之日（译注3）装饰于室内，可辟邪除秽、保全家安宁。

译注1：土用源于五行，四季对应木火金水，剩下的土就被分入季节内，通常指季节交替之前的约18天。单独出现“土用”常指立夏前的夏之土用。这期间按照干支记日的“丑日”，即土用丑日。这一天日本各地的风俗不少，常与养生、祛病有关。
译注2：熨斗纸，也称挂纸，通常附在礼品外包装上。
译注3：日本古代有五个象征季节变换的节句日，端午是其一，其他还有人日、上巳、七夕、重阳。

这种做法宫内自古例行，九月九日重阳之日还会换上卯杖（译注 4）。

京都是古都，民间自然也有类似的仪式。但这样的彩绣球袋不可多得，所以民间在土用丑日装饰紫阳花，因其有五色。

现在，如此古老的风俗几乎已经失传，在京都，基本上没有哪家还在沿袭。我这样的外地人守着古都习俗，土生土长的京都人却忘了这回事，这实在有些讽刺。

这一风俗，大部分源于佛教，也混杂着道教的元素。用五色纸、五色丝带装饰，包裹五色绣球袋，都是须弥山①的表现，意味着大宇宙，也是抽象化的大宇宙、大自然。将类似造型的装饰物放在室内，据说能起到驱魔的功效。

另一方面，道教常有东青龙、西白虎、南朱雀、北玄武四色的说法，与中央黄土组成五行，这些也是大宇宙的表现。平安时代迁都，是依桓武天皇的敕书而行，选择了四神相应之地②，以至于市内电车

译注 4：卯杖，一种辟邪道具，用梅、桃等“阳木”制成。

① 须弥山，佛教宇宙论中想象里的灵山。

② 四神相应之地，是指东有流水（青龙）、西有大道（白虎）、南有湖沼（朱雀）、北有山丘（玄武）的土地。京都（平安京）正是拥有这样的地形优势：东有鸭川，西有山阴道，南有巨椋池，北有船冈山（说法众多）。

的字幕都变成东行电车使用青幕，西行电车使用白幕，南行电车使用红幕，北行电车使用黑幕。不过这在第二次世界大战后就取消了，颇有些冷清。或者应该说，京都作为文化观光城市，却丢弃了原有的特色，令人遗憾。

五色的五行是金木水火土这一宇宙的基础，神道也会使用五色旗。这五色的组合美观雅致，缺了任何一色就实现不了这样的和谐。

我有一册关于彩绣球袋饰的绘卷（临摹本），发现平安时代多用仿真花。日本的仿真花是抽象的仿真花，并非模仿花的真实状态，所以格外美丽。而最近流行的“香港花”③，与实物极其相似，很是让我反感。有了这种接近实物的花，反而不会知晓实物究竟有多美。我见过几次用香港花装饰玄关或床之间，了无意趣。创作第二个作品时，最糟糕的，莫过于创作出与第一件雷同的作品——这是潜在的模仿心理在作祟。事实上，就算制作仿真花，也必须与神创造的花有所不同。这一点，奈良用于水取④的仿真山茶花就十分美丽。

---

③ 香港花，Hong Kong Flower，即塑料假花。

④ 水取，奈良东大寺每年三月修二会上的活动。

作庭时，纯粹再现自然的自然主义式作庭，会让人动起模仿自然美的念头，万不可取。创造另一种自然美，才是造园最初的意义。仅仅创造类似自然的东西，那无论如何都比不过自然美。只要跟随神，就不可能战胜神。所以，为了赢过自然，赢过神，除了创新，别无他法。

最近攀爬夏山的人多了起来，征服自然之类的话也开始流行，这可真是大言不惭。说爬上山就是征服自然，不过是反衬出人类的弱小罢了。（一九六九年，七十三岁）

林泉季春抄（倾注热情）

本会（译注 1）二月例会时，我参观了久违的真如院[①]庭园，深刻地察觉到，通过住持夫妇的不懈努力，它又变美了，美得不像是去年五月就完成的庭园。说到底，庭园是活的艺术品，只要它每天都在生长变化，打理庭园就是最重要的事。若是打理不足，无论当初多么努力作庭，它也会变得一无是处。对于我所营造的众多庭园，我喜欢常去看看得到精心呵护的那些，就像是自己的孩子寄养在别人家，总想知道孩子是如何健康美丽地成长着。然而，假如庭园从来不曾打理，被我偶然见到破败不堪的状态，连我也会心生厌恶。因此，我对给予精心照料的园主抱有极大的好感，而一旦园子荒废，

译注 1：即本书开篇提过的林泉协会，由重森三玲主持创办。

① 真如院，京都市下京区的日莲宗寺院。庭园由三玲主持复原。

我就会变得连半步都不想迈入。

说到打理庭园，只有对它倾注感情，才能做到无微不至的呵护。我喜欢各种道具，也经常寻找道具。在我看来，使用者应该对道具满怀感情。事实上，对于道具的热爱和重视，我比谁都强烈。如果盒子丢失或是损坏，我就会费尽心力寻找合适的替代品，哪怕只是一个袋子、一块包袱布。而且只要喜欢，我就会尽量放在手边，每日用于点茶或插花，享受使用它的快乐。虽说是道具，但有作者的精神注入，相当于道具拥有了灵魂。若能常常与之对话，使用它，欣赏它，道具必定也会感到愉悦。我想，正是因为我的热爱，道具才会来到我的身边。

如果有人想得到我的道具，那他首先必须热爱它。道具要是被交到一个没有感情的人手中，那也未免太可怜了。送出之后，我还会经常到对方那里看看交出去的道具，如果还能用它喝一杯茶，就更是快乐无比。

类似地，我买下现在这处屋子的因缘很多，但最重要的一点，是我对它的热爱。我想屋子一定也知道我对它的感情，才对我钟情的。我对这个家投入了最多的情感，如同对待国宝一般精心照料。

在我看来，世界上没有任何事物是“无心”的。即使是单纯的物质，在漫长的历史沉淀里，也一定有某种灵魂注入。佛教中的因缘、因果，皆因爱而起，若没有爱，自然渐渐疏离。因此，哪怕是沉默的物质，我们也要尽可能给予爱。

我与金钱的缘分很浅，仔细想来，可能是因为我对此十分淡漠。我没有钱，没有家，没有庭园。之所以没有，大约源于我对它们缺乏热爱；就算对朋友，如果不是特别喜爱，我也绝对不会相邀相聚。我仍记得，儿时的自己对一个玩具都会十分爱惜；正是因为喜爱，我才无法容忍它被随意处置。茶道，亦是教导人们惜物。在当今日本，许多美术品得到保存，都有赖于茶道。仅仅是一个茶罐，就要选用高级绢织制作多款收纳袋，有时还会制作挽屋②或二三层的箱盒，并请名人在上面刻铭或题字。对一件器物如此重视，恐怕绝无仅有。在这一点上，可以说日本的艺术品得到了一流的待遇。正因如此，作者也能够受到尊敬和重视。对我而言，哪怕只是一个茶碗，我也会出于对作者的敬意而倍加珍惜。（一九六二年，六十六岁）

---

② 挽屋，收纳茶罐的枣形木制器具。

林泉新茶月抄（春风迟来，亦有花开）

春天应该早就来了，可我家丝毫没有春风吹拂的迹象。说起来，屋后田地里的山茶花，从去年冬天到现在，延迟了将近两个月才开花。或许不全是因为寒冷——今年我也察觉到，虽说日日是好日，但似乎没有得到上天的恩惠。不过，这可能是神想进一步考验我。姗姗来迟的山茶花，终归是开出了美丽的花朵；春风，总有一天也会拂过我家吧。

春眠吾不幸，

枕边黄鸟声。

日夜怜病妻，

快愈祈神明。

凡事应尽力而为。曾有一度，我什么事都做不了，但也暗自知道不能这样下去。我相信，无论是人是神，都一样会拼尽全力。不过，尽力不可仅仅利己。自己是与他人共存的，助人即自助，故必须尽力服务他人。但若要为他人服务，前提是自己留有余暇。平时需要注意积累余暇，心之余暇的积累亦是修行。

庭园的研究也是如此，至少要积累十个庭园案例，逐一研究。不仅如此，对于与庭园相关或不相关的事物，都有必要去探究它的美。建筑、石造艺术自不必说，绘画、陶器、漆器、造型等，都可以作为研究庭园时的对照，不能认为非专业就没有了解的必要。对美的探究越是广泛、深入，越能在自己的专长上有所积累。

如今，在研究庭园方面，最欠缺的，或许是对庭园的哲学性思考。对庭园史的研究已有很大的进展，技术上的进展同样显而易见。这些方面在一开始也都存在不足，不过与之相比，对庭园的艺术性研究，乃至哲学性研究，几乎是从零起步的。

庭园为何源于自然素材？为何直到今天仍然依存于自然素材？为何必须依存自然才美？为何我们会接受这样的美？为何石块会被视为美？为何通过组石能成就美？池庭为何是美的？枯山水又为何能令人愉悦？是觉得美而作庭吗？如何看待植栽在作庭中的必要性？以上这些问题，许多人都不会去探究。如果一味地依赖传统，延续固定的形式，所谓作庭，充其量是不经思考的行动。

作庭者必须充分了解自我，探究风格的奥义。通过探究自然美的内容，改变形式之美。作庭者应认识到，自己对美的探究会打动木石之心，但这种探究必须达到一定的程度。

一块庭石，一定会努力展现自己最美的姿态。在尚未把握它最美的姿态时，不必急于动手。当石块与作庭者气息相合时，它自己就会动起来，作庭者只需顺着其自身的特质，表现最大的美。

另外，石之美，有色，有形，这种色、形因自然而千变万化，人之技术远不能及。这些无法通过技术实现的要素，恰恰在被技术操控之时，呈现出了石之美。石之美，变得似有若无、似无若有。

庭园，既依存于自然，也对抗着自然。自然条件一跃成为艺术的前提。《作庭记》中提到的“乞求”（译注1），也包含了这层意义。考虑石块自身的愿望，便是把自然条件带进艺术的世界。恰似春色迟来，终见花开。（一九六七年，七十一岁）

译注1：《作庭记》认为，作庭的本质，是回应自然素材的“乞求”（乞はん），按照它们的愿望呈现出最美的姿态。

寻石之时

每每作庭，我总能在组石上快人一步。这是因为，动手之前，我已在脑海中完成了大致构想。

对我来说，一天组合三十多个大大小小的石块并不稀奇。有时一个场地要分成三块，分别组石。这种时候，除了思考如何组合，还要忙于寻找下一个石块。但我的组石速度堪比电光火石，常常令看客惊讶不已。我用的技巧，便是“灵感”，它会带来极其纯粹的作庭感受。若是磨磨蹭蹭，让额外的恶之意识浮现，反而无法形成美。

同样地，寻找庭石也有速成技：去山中找，去海边找，或者去河川之畔寻找。不过，有时我也会在庭石商的石堆里挑选。但不论在何处，我都没有刻意设定目标。

在我看来，不刻意寻找，就是一种刻意为之。这绝非敷衍、草率。毕竟石块有一定的重量，我无法轻易地使它横平或直立。因此，寻找庭石时，我只能前往山川、河谷，或是庭石商的采石现场，看着石块当时的形态，充分调动我的灵感。

奇妙的是，我在探寻石块的时候，总觉得连石块的背面也能看见。明明视线无法触及，但我偏偏能知道背面是怎样的。或许有人会说我在撒谎，但这真不是谎言。石块常常会和我说话，我也会对它说“请保持这个姿势”“请展示下背面”“请横卧一下”之类的话。甚至不必如此，我感觉只用说出“请让我看下这个姿势”，它就会为我立起或横卧。

尽管没有比石块更静止的事物，但在我眼中，石块比任何事物都活跃；尽管没有比石块更沉默的事物，但它面对我时却能说会道。正是由于石块的积极回应，寻找庭石才变成了有趣的事情。

说是自然雕刻也好，说是神明造化也罢，总之石块是被创造出来的最美的存在。但如果寻找庭石的作者没有这样的高度，这种美也会从石块上逃走。之所以说是最美的存在，是因为它有着人类无论如何也实现不了的高度的美。

寻找庭石这一过程本身就是一门艺术，寻石时若不讲究艺术，就无法形成庭园。事实上，发现庭石之美的当下，已经决定了一座庭园的成败。正因如此，寻石才显得极其困难。你不能依靠脑海中既有的概念去寻找，而应该完全回归现场，从纯粹的角度去发现目标。这里所用的“发现”一词，就是这个含义。发现，是作者与石块融为一体。你要能够从一个石块中找到前所未见的东西。石块只有成为作庭者的作品才会显现它的美，因此，如果石块本身的美与作者的感觉不一致，也无济于事。

鉴定书画的时候，如果面对最杰出的作品，甚至来不及思考，直觉就已经告诉了你答案。石块同理。将石块放在哪里，如何使用，最终形成怎样的石组，这些都是在发现石块的那一刻，就已经决定了的。

所以身为作庭者，最感到苦恼的，是庭园的修理。因为此时既不能表达自己的个性，也无法融入任何创意，连寻石都没有机会，实在毫无乐趣。（一九六一年，六十五岁）

春眠鸟月记（让沉默庭石开口的秘诀）

世间万物，皆是遵循既定规则律动的波浪。裹着寒潮猛烈袭来的严冬，终于在彼岸（译注 1）之时退散，枯败的草木冒出嫩绿的新芽，讴歌普天之春。即使仍有些寒冷，当季的花朵也必然在此时绽放。而当春季如约而至时，各种各样的鸟儿便会飞至庭木之上，开始歌唱。比起人类，这些生物对季节变化的感知更加敏锐。只不过，草木花鸟都是按照固定的轨迹变化、移动的，并不存在创作。而人类的伟大，就在于创作。

这样想来，作庭也好，花道也好，茶道也好，只有创作是神明的恩赐。如果放弃神明给予的这一特权，墨守成规，不仅愧对神明，也失去了生而为人的意义。尽管应该知道这一点，许多人依然只是模仿前人的足迹，甚至不以为耻，反以为傲，还将它视为正途，实

译注 1：彼岸，是指春分、秋分前后一周的时期。

在荒谬。在日本许多表演艺术中，一旦打破固定的形式，不仅显得不合情理，还容易被视为异端。

庭园也是一样。江户时代以来，许多庭园都是依循旧式，优秀作品极少。以为固守某种形式就会有最好的表现，但最终只是让具有艺术价值的作品变得越来越少。这不仅是作者之过，园主、观赏者基于错误理念提出的营造要求，也会导致极其糟糕的结果。今天传授表演艺术的人，如果不能充分理解这一点，那么永远都不会开始创作。茶道的世界同样如此。将所学之物原封不动地传授给后人，重视传承之形式，依样画瓢地举办茶会，再常见不过。然而，他们并不明白这背后的原因，简直不可思议。我只能认为，这是因为他们可以若无其事地模仿前人。

如今，虽然涌现了大量建筑、庭园，大部分都不过是守旧的结果或简单的模仿。众人皆知，只要有木有石，便可成庭，但至于如何增加庭园的原创性，如何做出艺术性的作品，他们全然不问，令人深感遗憾。现在的庭园，从选材开始就错了的情况十分常见；很多人选择原本就会“花言巧语”的庭木和庭石。然而，作庭者的工作，是让不会说话的庭木、庭石开口。那些会“花言巧语”的素材容易使人上当，人们一旦被这些素材所蒙骗，最后往往也营造不出优秀的作品。

但是，反过来说，假如庭木、庭石是在正确合理地表达自己，仍应该充分听取它们的意见。总之，或许是不了解选材之道，普通住宅里的庭园很少有佳作。尽管数量层出不穷，但大多都令人可惜。而且如前文所说，自己的态度不端，就听不到木石的声音，因此无论观庭还是作庭，端正己身始终是第一位的。

在这层意义上，很多名园仅仅是为了园主自身而存在。看似面向千万人开放，但并非千万人都能理解，所以名园只能是领会者的名园。理解亦有程度之分。有些自以为理解，但实际的程度有限。普通住宅庭园中没有佳作，就是因为主人的理解不足。

无论住宅还是庭园，若没有高度的艺术性，生活在其中的人就会因为日常平淡而变得平庸。这不是贫富差距的问题。我也拜访过许多人的家，往往一进玄关，就能知道主人及其妻子是怎样的人。无论他们如何自夸，我也已经有了大致的想象。可见，住宅、庭园对日常生活多么重要。哪怕庭中仅栽一竹，也可以凭借其独特的形态，成为天下名园。（一九六四年，六十八岁）

《茶室与庭》总论

如果仅是喝一口饮品的话，抹茶和红茶、咖啡应该是没什么差别的，但如果是茶汤（译注1），就完全不一样了。不妨将“茶汤”对应“生活艺术”来看。像红茶、咖啡这样，只是将其送入口中，那么这是“生活”而不是 “艺术”。然而面对茶汤，并不只是为了将茶送入口中，此过程前后都需要抱着为人的至高心态，以茶为中心，感受生活所有的美。虽然只不过是一盏茶，但为了让它达到最高境界，已然加入了生活中方方面面的美。

话虽如此，茶绝非什么奢侈物，甚至质朴才是茶道之精神。利休居士在《南方录》[1]中这样写道：

译注1：茶汤，狭义是指经茶道一系列流程之后泡出的一碗茶汤，现在通常泛指茶道。

① 《南方录》，江户时代的茶道秘传书，记录了千利休的传授内容，由其高徒南坊宗启整理。

以房屋气派、饭菜丰盛为乐，乃俗世之事。然而，只要屋不漏雨，食可饱腹，足矣。此乃佛教、茶道之本意。

从利休居士的言语中，可以知道，屋不漏雨、食可饱腹便已足够，因此质朴、简单才是原旨。这一点源于茶道与禅宗的关联，正如自一休和尚以来的“茶禅一味”。

说是屋不漏雨，但不能污垢不堪；说是清贫无碍，但不可精神匮乏。事实上，饮茶讲究清净与美。红茶、咖啡同样如此，但茶汤尤其强调这一点，这才有了最高境界的美。要理解这些，首先必须理解茶室、茶庭。

茶室、茶庭无疑是特殊的建筑和庭园，但仔细观察，茶室与普通建筑也没有那么大的差异。与一般的书院建筑相比，茶室的立柱和棰木[②]都以圆木取代方木，天花板也稍有变化，但算不上截然不同的特殊建筑。实际上，这是茶室极其精彩的一点：乍看之下与普通书院相差无几，实际上却有迥异之处，而茶室的建筑价值就在于此。

---

② 棰木，斜向支撑屋顶的木条。

同样地，茶庭看似与一般庭园没有很大差别，实则大相径庭。在这种似是而非的表现之中，就蕴藏着最高等的设计。

无论茶室还是茶庭，其目的，都是服务于一系列的茶道礼仪。它的这种用于正确品茶的用途，正是不同于其他建筑的价值所在。普通建筑可以有各种各样的用途，但茶室、茶庭的设计，完全取决于如何服务于茶道。因此，它们通过茶室、茶庭，茶道这种用途得到了最好的表现。在满足用途的同时呈现结构之美，这是茶室、茶庭的精彩之处。

至于各种茶室、茶庭究竟是否异于一般的住宅或庭园，很难回答，也无定论。私以为，茶道基于主、客之间的相对关系，所以让双方都能舒适地使用是第一条件。第二个条件，则是主、客皆能享受其中，无须拘谨。另外，使主、客共同感受最高度的美，从而提升各自的生活境界。因此，若在普通书院内点茶（译注 2），就未免显得有些违和。茶道所需的环境，并非美观即可。茶道被视为世俗的风雅之事，但风雅的建筑、庭园，并不适合茶道。

译注 2：点茶，茶道中处理茶的手法。

换言之，茶室和茶庭，不宜豪华，不宜广大，风雅、嗜物亦不可取。然而，近来出现的许多例子，都是对古代茶室的模仿，实在糟糕。当今许多茶人中，像不审庵[③]（表千家）、今日庵[④]（里千家）这样，模仿本流派家元（译注3）的茶室的做法很是流行，但这绝非可取之道。茶室和茶庭，应该十二分地表现主人或作庭者的个性，自由和创意都不可少。当然，这种自由和创意不能脱离茶道这一基础，奢华、自傲绝对不行，也不可突出表现贫穷、污秽。总之，它必须保持正直、单纯、质朴，且具有正确意义上的美，给人带来平和的心境。

一直到桃山时代，茶室都还只是以面积来称呼。“围”“数寄屋”（译注4）这样的名称，是从江户时代才流行开来的。茶室，是从十八叠（译注5）、十五叠、十叠、八叠这样开阔的书院移动前往的小间，所以

---

③ 不审庵，表千家的代表性茶室，通指表千家。

④ 今日庵，里千家的代表性茶室，通指里千家。

译注3：家元，即继承流派的世家，也特指世家的家主。

译注4：围，日语写作“囲”，用于在建筑内隔出一部分空间用作茶室的情况；数寄屋，则是独立的茶室建筑。

译注5：叠，日语写作“畳”，即叠席、榻榻米。也作为面积单位，一叠等于一张常规榻榻米（3尺×6尺）的大小，约1.62平方米。

最初只是个四叠半的正方形平面。出于对茶道中“侘”（译注6）的理念的尊重，逐渐转移到了更狭小的平面，长四叠、三叠半、三叠台目[⑤]、三叠、二叠台目、二叠、一叠半，如此这般，越来越小。其中，除了四叠半和二叠之外，其他茶室都是狭长平面，构成了“侘”的意境。尤其是附设台目叠的茶室，本是缺少榻榻米，却以残缺之美、不足之美构成了“侘”的表现。最初，茶道是挨着台子[⑥]进行，但随着移入小间，台子再无用武之地，于是铺上了与台子尺幅一样的榻榻米，即所谓“台目”。

这些平面中，还有切炉（译注7）的位置。最初只有风炉，从桃山时代开始出现了切炉。利休以后，逐渐定型为一尺四寸见方，不过古代也有一尺七寸见方的切法。切炉的方法因室而异，可以采

译注6：“侘”（わび），有不足、困惑等意义，后来演变成残缺美的美学意识。现在常与“寂”（さび）连用。

⑤ 台目，大小为普通一叠的四分之三。

⑥ 台子，放置茶道所需道具（风炉、茶碗、茶罐、水罐等）的架子。

译注7：炉，在茶道中用于煮水、保持水温的器具。最初的“风炉”是可搬动的，直接放置于榻榻米上，常在夏季使用。后来出现的“切炉”则是从榻榻米平面中“切”开一个小正方形，内置一炉。

用本胜手和逆胜手（译注8），也可以从榻榻米的中心向上切开（称为上切）或向下切开（称为下切）。除此之外，如果室内十分狭窄，还可以采用向切（右角）、角炉（左角）等方法。单是切炉的位置，就可以在平面中做出各种变化。

至于与这些平面相对的立体的事物，首先就是床（译注9）。床的尺幅，最初是四叠半大小的一间床（译注10）；自利休以后，台目床多了起来，进深从三尺到一尺五六寸，样式不一。有铺榻榻米或地板的，有嵌框⑦和不嵌框的。框，又分涂框、面皮（译注11）等多种形式。床壁中央前后，可以打上用于悬挂插花器皿的中钉，也可以在床柱打花钉（译注12），这些都依主人或作者的兴趣而定，高度也不尽相同。普通的书院建筑里，完全不存在中钉这样的事物。茶室中之所以有，是为了将自然引入床之间。

译注8：本胜手，是将切炉置于主人点茶时的左手侧；逆胜手，则是置于主人右手侧。

译注9：床，此处指床之间，即摆放插花、画轴等饰物的凹间。

译注10：一间床和台目床，都是指床之间的立面开口。一间床的形态与四叠半相当；台目床的长边为一台目，高度稍低于一间。

⑦ 框，用于隐藏木板切割面的装饰横木。

译注11：涂框，即有涂装的框。面皮，指框面的部分保留树皮肌理。

译注12：花钉，同样用于悬挂插花器皿，只是位置在床之间的立柱上。

书院的榻榻米室常用襖或障子，而茶室用太鼓张[8]取代襖，或仅仅铺上一张白色的鸟子纸（译注 13）。贵人口（译注 14）用了障子，但更多的部分，是用下地窗、连子窗[9]取代障子。这些都是“侘”之残缺的表现。也因此，茶室中大量使用窗，窗的大小、形状各不相同。多窗的另一个原因，是墙壁占据了大部分的空间，拥有最多的立面面积，所以人们对墙的表现往往煞费苦心。

茶室中还有兼具立体和平面特性的天花板。天花板要尽量体现主客双方座席位置的关系，并将住宅整体浓缩于一室。正客（译注 15）的座席处，常用野根天花板、网代天花板，有时也用蒲天花板[10]。相伴客的座席处，则用挂入天花板（屋檐贯入到室内形成的天花板，能够看到屋顶内部结构的表现形式）。主人的座席处，使用下沉一

---

⑧ 太鼓张，即木架两面贴和纸、中间留空的做法。

译注 13：鸟子纸，一种上等的和纸，因像鸟蛋一样泛着淡黄色而得名。

译注 14：贵人口，茶室的出入口之一，供身份较高的客人出入。

⑨ 下地窗，是土墙中一部分未涂外墙的开口，竹、苇等墙体素材都裸露在外。连子窗，在茶室中指代有竹格的窗。

译注 15：正客，即主要的客人。后文的相伴客，即次要的客人。

⑩ 野根天花板，天花板所贴物为薄薄的原木木板（野根板）。网代天花板，天花板所贴物为交织成网状的竹皮或木板。蒲天花板，天花板所贴物为编成席状的蒲之类的材料。

级的蒲天花板、藁天花板等，以表现厨房。如此在一室之中，可以表现整个住宅。另外，天花板也给狭小、单调的室内空间增加了变化。

茶室正是如此这般，在表现谦逊态度的同时，对细节无微不至。这些细节不仅实用，也充分展现了建筑之美。无论道具的艺术价值有多高，其目的都是为了营造茶室毫不逊色的美。这一点只要看看许多古代茶室就能很好地理解。

茶室的另一个特色，是与庭园相伴。对于其他建筑而言，有庭园当然很好，没有也足矣。然而，对于茶室而言，庭园是绝对必要的。一旦没有庭园，便不可称为茶室。这是因为在主客双方进入茶室前，客人的待合[11]、主人的迎付[12]都需要场所来实现。而且，净手处也十分必要。没有茶庭，就无法实现这一切。

因此，虽然茶庭需要像普通庭园那样具有观赏性，但考虑到其他配合茶室的种种用途，有必要保持性质的中立。没有茶庭，就不成茶道。就用途而言，茶庭是颇为重要的存在。为了同时满足观赏

---

⑪ 待合处即茶会时客人等待入室、整理仪表的场所，也称寄付、袴付。

⑫ 迎付，主人出迎客人。

性和功能性，茶庭有绝对的必要性。茶庭中，飞石是主角，其中更重要的飞石被称为役石；稍做变化的飞石即敷石。

考虑到客人的等待，有必要设一些能够随意坐下的役石、飞石。考虑到主人的迎接，则需要在主人一侧设飞石，在客人一侧设飞石或敷石。中门附近，还需有乘越石、亭主石、客石、物见石。在中门内侧，设手水钵、石灯笼。手水钵用于净手，自应放在第一位，但用于夜间茶会照明的石灯笼以及烛石⑬也不可或缺。冬天举办茶会，往往要用热水净手，因此汤桶石（译注 16）也少不了。手水钵前，还有一块供客人站上的前石。手水钵、石灯笼、前石、烛石、汤桶石，这一系列的组合统称为“蹲踞”。

此外，躙口（译注 17）、贵人口外应有踏石、落石，挂刀处的下方，应有刀挂石、尘穴⑭。中门附近，要有扬簀户⑮、四目垣或其他竹垣。

---

⑬ 烛石，也称手烛石。平石，置于面向手水钵时的左手前方，用于放置客人手持的蜡烛。

译注 16：汤桶石，用于放置盛有热水的木桶。

译注 17：躙口，茶室的出入口，通常很小，需屈膝躬身进入。

⑭ 尘穴，茶庭中四角形或圆形的装饰性小洞。

⑮ 扬簀户，悬挂有竹编网状门的简易门扉。

整个庭园还需要大量植栽，以营造深山幽谷之景。

不管怎么说，茶庭的重点在于用途，飞石、敷石才是最重要的存在，因此飞石、敷石的种类很多，铺设技法也千变万化。不过，从集合美的茶道本质来看，仍需具有观赏之美。但在这里，即使谈论美，也与一般庭园之美完全不同；茶庭的重点是茶道理念所传达的美。此外，关于茶庭的清洁，茶会前当然要特别注意，但平时也有不速之客，所以日常就要将打扫、洒水放在第一位。手水钵里的水要保持常净，打扫也要彻底，不然难得精心营造的庭园，就烟消云散了。

茶道，是主人招待客人最高的礼仪，为了在茶席中欣赏茶庭的美，从打扫到装饰，一切皆不可有半分懈怠。越是用心，客人越能乐在其中，对主人也是一种磨炼。茶会讲究的“亭主八分”，正是说，只有主人能享受到八成的乐趣，才会有一场精彩的茶会，客人才能尽兴。每次举办茶会，主人、客人都要抱着如此茶会一生一次的心情，即所谓的“一期一会”。这也是茶道高潮之所在。

正是通过这样，茶道与主人融为一体，成为对生活在当下的自我的反映；而客人是自己亲近的友人，所以茶道亦是时代的映射。

如此来看，今日需要今日之茶道，也应建立今日之茶道，让茶室和茶庭呈现出新时代的气象。因此，最新的、永恒的现代性，才是茶室、茶庭之根本。参观古代的茶亭和茶庭时，会感觉利休是利休的风格，有乐⑯是有乐的风格，远州是远州的风格，各自充分表现出了各自时代的现代性。因此，今天的人们，同样应该创作出属于今日茶席和茶庭的现代性。汲取古代各茶人各流派的茶席、茶庭之精华，运用于今时今日的创作。若忘记这一点，茶室、茶庭就彻底失去了存在的理由。（一九六二年，六十六岁）

---

⑯ 有乐，织田有乐斋（1547—1621），安土桃山时代到江户时代的武将、茶人。织田信长的弟弟，千利休的高徒。

今日之茶席

旧时作品，能够留存至今，或曾经留存下来，都是因为它们拥有创造性。历史已经证明，除了创作的产物，没有什么可以留存于世。建筑、庭园、绘画、雕刻，无论是工艺还是其他艺术门类，被保存下来并得到今人赞赏的，皆是创作物；而模仿之作，就算残存，也不会得到人们的高度评价。对于艺术而言，创造是第一生命，没有创造，就无法被称为艺术，甚至不能称之为作品。所谓创造，是给作品注入生命，引导其独立存在。

这种独立存在，需要满足种种条件。譬如一个古建筑，一件石造美术作品，往往既能传达它所诞生的时代的精神，也具有经久不衰的震撼力。因此，古老的作品常常会打动我们。而由于作者在创造这些建筑、石造美术作品时，充分考虑了所处的环境，所以一旦移至他处，作品的美就大打折扣。换言之，作品是与场所共生的。

现在来看茶席。茶席是颇有个性的建筑，可以说比住宅更有个性。珠光、绍鸥[①]、利休、织部[②]、远州、宗旦[③]，越是这些被称为大茶人的作庭家，对茶越是有一番自己独到的见解。他们所做的茶席，往往充分表达了自己的见解，有着出于自身视角的特殊设计。

举例来说，绍鸥在黄梅院营造的昨梦轩[④]，利休的不审庵、待庵[⑤]，织部的猿面席[⑥]，有乐的如庵[⑦]，宗旦的又隐[⑧]、今日庵，石州的不昧室[⑨]，不昧的菅田庵[⑩]，无一不是基于个人见解的创作。

---

① 珠光，绍鸥，即村田珠光（1423—1502）和武野绍鸥（1502—1555）。两位都是室町时代的茶人。

② 织部，即古田织部（1544—1615）。安土桃山时代到江户时代的武将、茶人。千利休的高徒，德川家的茶道顾问，喜爱异形与失衡的美。

③ 宗旦，即千宗旦（1578—1659）。江户时代的茶人，千利休之孙。

④ 昨梦轩，位于大德寺黄梅院内，据传为武野绍鸥所做的四叠半茶室。

⑤ 待庵，位于京都府大山崎町妙喜庵内，利休所做的茶室。国宝。茶席为二叠。

⑥ 猿面席，猿面望岳茶席，位于名古屋城内，古田织部所做的四叠台目茶室。

⑦ 如庵，位于建仁寺内，织田有乐斋所做的茶室。茶席为二叠半台目。现移建至爱知县犬山市。国宝。

⑧ 又隐，与今日庵同为里千家的四叠半茶室。

⑨ 不昧室，片桐石州所创建的慈光院（参考“作庭之趣”中的注释⑤）中的茶室。

⑩ 不昧的菅田庵，不昧是以大名茶人而闻名的松平不昧（松平治乡，1751—1818），菅田庵是不昧所做的一叠台目茶室。

尽管历史源流如此清晰明了，要理解如今的茶席建筑，却十分困难。如今，表流（译注 1）的作庭者推崇残月⑪、不审庵，里流的人推崇今日庵、又隐，薮内系的人推崇燕庵⑫，不昧系的人推崇菅田庵，诸如此类，甚至以此为傲，实在可笑至极。

模仿某种偏好，还引以为傲，恰恰反映了茶的强封建性。习茶之人只会延续所习之物，否定自我。按理来说，茶道原本就是个人的创造，不应否定个体，然而在教学时，这种倾向十分常见。插花、舞踊（译注 2）皆是如此。虽然姑且可以承认，学习源于模仿，但最终应当走向创作和自我发现。

茶道、插花、舞踊的传习内容被视为本质，一方面是封建性在作祟，另一方面是为了便于在民间传播，而将这些艺术变得低俗。因此，声称自己推崇某个流派之作来表现品味，不过是让人笑话罢了。

译注 1：表流、里流，即茶道流派中的表千家和里千家。千宗旦（千利休之孙）以后，其子分别继承创立了表千家、里千家、武者小路千家，其中表千家被认为是本家。

⑪ 残月，表千家的数寄屋式书院。

⑫ 燕庵，据说是古田织部转让给薮内家的三叠台目茶室（京都市下京区）。

译注 2：舞踊，指日本舞。

最初的茶道，是先知费尽苦心创造的仪式，有着基于自然与必然的合理性，所以学习是有必要的。但很多时候，后人只是埋头苦学而不知创造，结果就演变成了对今日庵、不审庵、忘筌[13]的推崇。

茶道诞生于室町时代末期至桃山时代之间，恰是人们的自我意识觉醒之时。与此同时，世俗文化以“侘”为中心，唯有借助“侘”，才能与上层文化形成对立。然而，今天的世俗文化中出现了更高等的存在，仅仅讲究“和敬清寂”的侘茶，已不足以被视为具有高度文化性的茶道。正因如此，营造茶席时的模仿才让人目瞪口呆。

今天的茶道迎来了反映时代性的革命期，但奇怪的是，只有一部分人有所反省。想来正是因为传统过剩，才导致批判不足。有人认为，不批判便能天下太平；实际上，这是在将茶道推向绝处。（一九五四年，五十八岁）

---

⑬ 忘筌，小堀远州在大德寺塔头孤篷庵所做的十二叠的书院式茶室。

神无月林泉日录（今日茶道之状态）

林泉协会的十月例会计划举办茶会，所以我想久违地来稍稍谈一下茶。主妇之友社近日出版的《茶道全书》中有一个“今日茶道”的主题，我就现代茶道的状态写了一些浅见。事实上，这几年来，我一直在思考现代茶道的状态，甚至进行了实验。

在我看来，原本的茶，是生活美的缩影，是生活的艺术化呈现，所以我不认为形式固定的流派之茶便是所谓的茶道。基于某种理论煞有介事地表达见解，不过是人们的游戏，是远离生活的非茶道。从茶道原本的存在形态来看，它是立足于生活的，也必须把握时代的本质。因此，在某种意义上，茶道必须站在时代最前端，以向前的姿态保持前进。而像今天这样固定流派、形式的做法，已经没有资格被称为茶道。

即使如此，几乎所有的茶道老师、所谓的茶人，根本不在意也不理解茶的本质。他们甚至认为，固定化、定型化的茶道是正确的、主流的。之所以会出现这种情况，有许多显而易见的原因。

在进行茶道教学时，传授固定、定型的内容是最容易的。至于创作，那本就不是稍稍花点功夫就能掌握的技能，也没什么理由施教于人。

这种轻松的教学方式，实际上是以教学谋生的茶道老师的手段——通过教授定型化的内容，确保自己获得持续的收入。茶道中的家元制度具有行会的性质，能够平衡家元和弟子双方，只要这一制度不变，双方就能处在安全地带。既然是提供安全地带的制度，当然要协助老师一方生活无忧，否定茶道本有的新颖性、创造性。

这种家元制度以及之后的流派制度，不仅茶道有，插花、舞踊等其他艺术门类都有，是十分具有日本特色的产物，可谓根深蒂固。只要这种家元制度、流派制度存在，就不能指望艺术有正确的发展。所幸在绘画、雕刻领域，这些家元制度、流派制度早在明治时代就已瓦解，显示出了长足的进步。这种制度之所以能在绘画、雕刻界瓦解，是因为作品的畅销可以保证以此为业者的生活。然而，茶道、花道、舞踊没有出售作品的可能。所以，只要专业人士的生活仍然必须通过传道授业来维持，就不可能脱离这种制度。

如此想来，当今茶道的教与学，不仅否定了本质，而且反以固定化、定型化为尊，无疑需要重新审视。而教授之事，乃因先有欲习之人，所以学习者的反思至关重要。

首先要反思的问题是，究竟有无必要学习这种本质上的“非茶道”。这之所以令人困惑，是因为学习者苦于业余，只顾学习而不加反省，即使学习时意识到不妥之处，也出于某种惰性继续盲从。这种盲从使得学习者就像不知不觉加入了某种新兴宗教，成了无条件相信家元、流派、老师的信徒。一个很好的证明就是，每个人都坚信自己所学习的流派是最好的。因此，不论过去多久，学习者都不可能有所反省，创作更是无从谈起。茶道的落后是必然的结果。

因此，习茶之人往往满足于习得点茶、饮茶等基本内容，不认为有必要再往上学习。若是想学，就应该先立足茶道本质，充分地自我觉察和反省，否则也是越学越差。如果学习者能够自察和反省，教授者必然也会开始自察和反省。只有双方共同致力于创作，茶道才能开辟今日之新道路。

茶道之大成者千利休曾在明确表达茶道本质之后，发表过关于教学的重要建议：

人过四十，东可成西，山可成谷。

也就是说，四十岁之前别无选择，老师所教即所学；过了四十，便可自察反省，老师教东，务必作西，老师教山，务必作谷。若没有这样的创造性，习茶就没有意义，即使学了也是一无所获，根本没有学习的必要。像小堀远州、松平不昧这样的大茶人，都表示茶道无流派；但在他们过世之后，仍然出现了远州流、不昧流。想来不仅是利休，远州和不昧也都会在地下哀叹不已。

如今早已不是江户那样的封建时代了。在以自由为人类生活最高目标、不断进步的现在，允许这种固定化、定型化的茶道的存在，究竟是好是坏，已无须我来言明。脱离生活的茶道理应不存在，这一点，一万个人中也该有一百个人知道。只要生活仍是基础，就不会存在脱离当下的生活，这也不必多说。脱离当下的生活，既无法想象，也无法实践。既然茶道应当契合当下的生活，就不可能存在脱离当下的茶道。

因此，第一是创作，第二还是创作。立足今日，创作今日的茶道，就是唯一之道。我最感到奇怪的，是今天的年轻学生仍然在遵循流派练习定型的茶道。大部分的学生——至少在数量上有很多——不关心茶道本身，却对所学深信不疑。对于今天这种只有定型化的流派式茶道，这种不关心倒也是明智之举。不过，诸位冷漠的学生们，不关心本身并不明智，通过创作来丰富自己的生活，才更加明智，不是吗？

九月十二日夜　于村上邸（一九五九年，六十三岁）

草饼林泉秘抄（尽享自宅）

托暖冬的福，今年敝舍无字庵的初釜顺利结束了。我从昭和三十年开始例行初釜，到今年已是十五周年了。始行初釜的原因有很多，其中之一，就是为了这处自宅。我在昭和四年（1930年）四月一日来到京都，昭和十八年（1944年）的十二月二十九日搬入这里，今年是第二十六年。进入京都后的四十年间，在搬到这里之前，我曾在花园（译注1）住了半年，在东山三条住了两年半，在吉田下大路住了十一年。然而，从儿时起，我一直习惯住在大房子里，哪怕破败也没关系，所以实在无法忍受蜗居在小小的租屋之中。因此，对于这个超乎我想象的家，我充满了感激之情。

译注1：花园、东山三条、吉田下大路，皆为京都的地名。

这算是吉田地区最古老的房屋了，原本属于铃鹿家（先辈来自伊势铃鹿），家名源于吉田神道[①]初代家老铃鹿信浓守。建筑大致建于元禄年间，改造后的土藏（译注 2）的栋札（译注 3）还刻有“宽保二年”（1742 年）的字样。书院则建于宽政元年，榻榻米上留有记录。由于与吉田神道家的关系，且是近卫家的诸太夫[②]，因此经常参拜吉田神社。这些在《槐记》[③]享保十年和次年的条目中皆有记载，铃鹿家与吉田的关系可见一斑。

我搬进来的昭和十八年正是战争末期，飞机每天向北飞过东山上空时，我总会担忧，不知何时这个家就会犯火光之灾。我找到这处屋子的时候，甚至能感觉到，它对我也很是满意的。我很高兴它基本保持了旧时的状态，没有任何改造，风格、面积、便利性都无

---

① 吉田神道，奉仕京都吉田神社的吉田家所创的神道。深受老庄思想、佛教、儒教的影响。

译注 2：土藏，日本传统建筑样式之一，通常用作仓库，多用耐久材料。

译注 3：栋札，上梁时的记牌。

② 诸太夫，在这里指侍奉摄关家之类的家族。

③ 《槐记》，由近卫家熙的侍医山科道安撰写，记录了从 1724 年至 1735 年家熙的言行。

可挑剔。相应地，要维护这样的家，也并非小事。但我自信，再没有人能像我这样爱护这个家，将它维护得如此之美。我着迷于这个家，也仿佛感觉到，它同样着迷于我，这才跃入了我的眼中。

因此，我相信自己比任何人都更重视这处屋子的保存。哪怕是买一个道具，也是为它而买。庭园和房间的打扫当然要做，此外我还会在床之间放上挂物、插花，既是为了美化，对我而言也是极大的乐趣。

正因喜爱这个家，我很希望有人前来，与之分享快乐。即使偶感烦琐、麻烦，我也期待客人的光临。另一方面，保持良好心情的我能在这里完成很多工作。来访的客人中不乏有人疑惑，如此多的客人到访，我如何行有余力撰写大量文稿；但实际上恰恰是由于来客众多，我才能文如泉涌。这并非不可思议之事。

年年主办初釜，固然棘手，但在我看来，没有比这更快乐的事。越是辛苦，就越是快乐。

我在初釜上还践行着现代茶道的理想：在所有客人面前点茶，使用台天目（译注4）这一最高等级的点茶方式，给客人最大的尊重。而如今各流派流行的“运出”（译注5），并非正确的茶道。通过初釜，将现代的卫生问题与最高境界的美融于一茶之中，默默助力建立今日之茶道，便是我的夙愿了。（一九六九年，七十三岁）

译注4：台天目，这种方式的特点在于使用天目茶碗，茶碗不直接放在榻榻米上，而是放在较高的天目台上。

译注5：运出（運び出し），也简称“运”，这种方式的特点是将除了炉、釜之外的道具一一“运”至点茶位。

林泉朝颜谱（独放之花）

利休居士以一朵牵牛花举办茶会招待秀吉的故事十分有名；但换了别人，仅插一花就举办茶会，绝不会被传为佳话。

故事是这样的。秀吉到利休的屋中游赏，见到美丽的牵牛花开满庭园，大加称赞，于是命利休准备一场茶会。次日清晨，前来参加茶会的秀吉发现，昨天还在庭中盛开的牵牛花竟被剪得一朵不剩。秀吉原本想边赏花边喝茶，见到此景自然又惊讶又生气，但既是利休所为，必有原因，所以他忍住怒气，拉开躙户。一入室内，只见床之间处，一朵牵牛花正等待着秀吉的入席。那时的秀吉对茶道已有深刻理解，见此场景，不禁为利休营造的拔群意趣和美的意象拍案叫绝。

因牵牛花举办茶会招待秀吉，不必说，当然要准备床之间的插花。

然而，若是不除尽庭前的牵牛花，床之间的那一朵花就显不出生气。此番意趣，对于秀吉、花朵本身乃至茶道中的禅理，都是巨大的挑战。然而最终，利休以其高超的手法，实现了茶会的主题，满足了秀吉赏花饮茶的愿望，不可谓不杰出。茶席之花，本质上应当如利休在《南方录》中所说：如花在野。

虽言简，然意深。花，似是自然，又非自然。如果仅仅讲究自然，那么在牵牛花的故事里，利休居士就应将庭前之花全部原样保留。然而，他却清理了几乎所有的牵牛花，独留一朵放入床之间，全然不是追求自然之花的态度。

利休这里所说的花，是在茶席床之间的插花，是以技巧塑形的茶室花，而非开在原野、深山的未折之花。被摘下放入床之间的花，在某种意义上加入了作者的意图和技术，但同时，作者又希望它保持在原野中的自然状态。人们往往误以为，将从野外折来的花不施技巧、漫不经心地插入瓶中，便呈现出了自然之貌。但实际上，恰恰相反，必须先扼杀花的自然性——就像烹调鱼和蔬菜，先“扼杀”，再调出食材自身的风味。而要“料理”茶室之花，其秘诀，就在于充分协调各个要素，包括床之间的布局、挂物、香盒，以及花器的形状、材质和颜色等；有时还要根据季节、意趣，扼杀花原本的自然状态，再插出如花在野的姿态。

因此，正是通过剪掉庭中所有的花，才让床之间的一朵牵牛花，生出了野花之姿。这是插花由外而内的美，它的生命存在于在对主旨的呈现之中。

庭园同样如此。桃山时代以前的庭园，因主题鲜明而富有生气。江户时代中期以后，主题被彻底忘记，丝毫没有了言之有物的设计，庭园的魅力大大减少。我希望自己在作庭时，能够拥有这种为了展现一朵花、将大部分花剪掉的勇气。（一九六三年，六十七岁）

古田织部与小堀远州的艺术

在室町时代始创茶道的村田珠光、相阿弥、一休禅师，都是不同意义上的茶道创始者。一休禅师通过大德寺传来的台子创造了茶式的结构和茶禅一昧（味）的内容；相阿弥创造了书院式茶道的茶式饰；珠光在台子茶的基础上，创造了侘茶法式。之后又经过武野绍鸥，最终在千利休时，茶道大成。

自利休实现茶道之大成后，创作的人就几乎很少了。他的弟子中，有桃山时期的诸位大名，也有许多当时的名僧、富商。细川三斋[①]是完全继承利休思想的一位，而古田织部是众多门人中唯一的逆反的高徒。作为后期唯一一位成就茶道的人，古田织部正重然（译注 1）

---

① 细川三斋，即细川忠兴（1563—1646）。安土桃山时代到江户时代的武将、茶人，利休的高徒。

译注 1：古田织部，原名古田重然，曾官任五位下织部正，由此得名“古田织部”。

这个名字不应被忘记。

与利休自然主义的茶道相反，织部的茶道可以说是超自然主义的，极其前卫。利休的艺术中虽然也有这样的倾向，但织部将这一点发展到了极致。他力求创新，而创新，就讲究不破不立。他毁掉许多茶器，也在此基础上发现美。对于他破坏众多名器的做法，当时甚至有恶评认为，他最终切腹自尽正是受了天罚。其实这在利休居士身上也能说得通（译注 2），他们一方面为了艺术创作而献身，另一方面，他们的艺术创作力在本质上具有政治性。借助艺术创作，他们甚至能够影响当时的政治。他们伟大的人生哲学、宏大的艺术观，就存在于此。

如果说毕加索和马蒂斯是当今世界各国新艺术的引领者，是持续推动全世界艺术的原动力，那么古田织部的艺术可以说是毕加索、马蒂斯的艺术的先驱。织部的茶式、陶器中新颖的抽象感、现代感，早在桃山时代就以织部为中心实现了大成，就算说毕加索、马蒂斯的艺术是源于织部，也绝非夸张。

译注 2：千利休也曾被丰臣秀吉下令切腹。

既然这种持续推动当代世界的新艺术的原动力实际上来自古田织部，那么就不难理解，为何他的艺术直到今天都如此伟大。不过，这一功劳不能仅仅归于织部，织田有乐、高山右近②、俵屋宗达③的艺术也是一样的。

完全继承织部的艺术的，是小堀远州。虽然也不能忘记江户时代初期的本阿弥光悦④、松花堂昭乘⑤，但绝对不能忽视以小堀远州为中心的团体，他们的艺术正是代表当时的现代主义。如此想来，织部、远州的艺术中的新奇性、创造性，也是持续推动当代世界艺术的原动力，直到今天仍是重要的存在。

关于小堀远州作为桂离宫的作庭者、与松琴亭等离宫第二期的营造有无关系，现在仍有文献表示质疑；但不可否认的是，至少，对当时以远州为中心的艺术观起到指导性作用的原动力，是织部、远州的

---

② 高山右近（1552—1615），安土桃山时代的基督大名、茶人。利休的高徒。

③ 俵屋宗达，江户时代的画家，琳派之祖师。代表作有《风神雷神图屏风》（国宝）。

④ 本阿弥光悦（1558—1637），安土桃山时代至江户时代的美术家。除了鉴定、打磨刀剑，还通晓书画、漆艺、陶艺，凭借书法被誉为“宽永之三笔”之一。

⑤ 松花堂昭乘（1584—1639），江户时代的僧人、书法家、画家、茶人。

创作特性。桂离宫月波楼的建筑结构，与其附近的真飞石（译注3），都表现出了与当代抽象艺术相同的新的结构美。真飞石的线条仿佛是经过蒙德里安指导，茶室外用于等候的飞石也显得十分现代。

对古田织部、小堀远州、有乐、右近、宗达、光悦等茶人的思考，让我们想到，今天席卷全世界的新的艺术运动，在古代日本就已发生，而且在今天仍有指导意义。但遗憾的是，许多当代艺术恰恰相反，除了模仿之外，什么都不是。如今的我们必须努力回归织部、远州的境界，创作出新的艺术。

织部、远州是小大名。有乐、右近是异端者。正是在不完美的境遇中，才能实现天赋的艺术。

如今在艺术方面富有独创性的国家，都是基于本国的独立意识、民族意识进行创作。在这个意义上，日本也应该丢掉属国意识，树立起民族的独立性。若无法以此为起点，就不可能创造出新的艺术。（一九五四年，五十八岁）

译注3：庭园中的飞石、敷石，其铺设形态对应书法中的楷书、行书、草书，可分为“真、行、草”三种类型。

孤篷庵之庭

京都的紫野大德寺是禅宗的本山，但它作为茶之本山的头衔更为人熟知。这也无可厚非，毕竟寺内这么多塔头，无处无日不挂釜（译注 1）。正是因为与茶道的因缘如此之深，所以不论参拜大德寺山内的哪个寺院，都能见到出色的茶席和茶庭。而且，这些拥有出色庭园的寺院，常常打扫得十分清爽。面对如此深受禅、茶影响的寺院，我总是心怀敬意，身处其中也极其愉悦。

孤篷庵是指导德川家光将军茶道的大茶人小堀远州在晚年隐居的小院，茶席、庭园之精彩无须赘言。这样一位大茶人的寺院，至今仍然保存着许多传统的痕迹，打理得比其他寺院更美，也谢绝公众的参观。玄关上挂着的木牌写有“谢绝参观”，反面亦有“今日

译注 1：挂釜，字面意思是挂上茶道所用之釜（煮水的铁壶），这里指代茶事。

谢绝参观”的字样，总之都是拒人于千里之外。

这种谢绝参观的态度，正是为了保留寺院原本的意义。像如今这样，各寺院每天对外开放，面向从全国各地涌来的观光客收取每人一百或二百日元左右的参观费，以此谋利，寺院就彻底失去了原本的意义。

越是谢绝参观，外人就越想前去参观，这是人之常情。但在想看茶席、庭园的人中，真正想专注研究、学习借鉴的，十分稀有。因此，就算允许参观，又有何用？多数毫无意义。

关于孤篷庵的创立历史，我在此不再赘言。拙作已有详述，可以参照来看。相比之下，周游欣赏整个寺院的美，才是更重要的。

来到门前，首先会见到一座石桥。很少有人注意这座石桥，但仔细观察，这是京都所存石桥中最为古老的一座，乃江户时代初期之作，内侧桥墩尤其美丽。进门后，两段狭长的敷石分别通往厨房的内玄关和方丈的玄关，外侧混植的杂木形成一道长长的篱笆。敷石与篱笆不仅和谐，而且无论何时都十分整洁，仅仅这一点就令人敬佩。私人家宅也是这样，看一眼从大门到玄关的状态，就能立刻明白这家主人和妻子的个性。

走上玄关，来到方丈前。参拜讲究顺序，先拜开山祖师之像，再参观庭园，之后参观袄绘等。拜过祖师像后，站在缘侧（译注 2），可以看到方丈前庭有两排平行的整形修剪篱，中间是长方形的开阔空间。

实际上，这两排整形修剪篱是对海平面的抽象表现。因为在远州的作庭理念中，前方的船冈山①象征着舟。《孤篷庵记》对此有记：

> 吾日域城州北山之涯有横山。如船世以船岳名之。小檀越远州大守讳宗甫字大有。既结茅山麓。号孤篷庵。

可见，远州在今天龙光院的这片土地上创建孤篷庵时，就已经这样构思了。如今前方树木繁茂，难以见到船冈山的景色，但就算没有遮挡，也只能看到附近杂乱无章的商铺，反而令人不悦。

尽管如此，远州能有这样的创意，还是很值得玩味。如今普通的作庭者，只会将这样的山作为借景的背景，远州却将它视为蓬莱

译注 2：缘侧，传统日本住宅中位于屋檐下的半开放外廊，连接室内与室外的空间。
① 船冈山，位于京都市区北部、大德寺南侧。

之舟，并且借由这一设想，赋予小庵以孤篷之命。篷，是覆盖于船上的竹编屋顶，船冈山与此庵所象征的孤舟，包含了远州乘孤舟度日的意味。篷在这里既是庭园，也是孤篷的建筑。因此，这个庭园不单是为了供人观赏而作，更象征着远州独自乘上此船，以品茶之心境悠然自得度过余年。

方丈西侧的忘筌茶席也强调了这一用意。茶席天花板为了表现海浪，还涂上了混合松木树皮粉末的特殊胡粉（译注3）。这种制作天花板的方法完全是独创，以表现出孤篷的意境。

“忘筌”，得名于《传灯录》中的“得意忘言，悟理而遗教，亦犹得鱼忘筌”。从远州的角度来看，他向来遵从将军之命筑城、作庭，最后以伏见奉行的身份隐退，对于现在的自己而言，更重要的，是通过茶之深意忘记所有的言语，悟得真理，再将此番茶之极意遗留于世。这正是忘筌：捕鱼之前，筌（渔网）是必要的；而如今，将军门第这样的网已不再需要了。换言之，他领悟到，忘筌之后，才是现在的自己。

译注3：胡粉，日本画中常用的一种白色颜料，以贝壳研磨而成。

而得鱼忘筌这一场景，还会让人联想起蓬莱之海、一叶孤舟。因此，在忘筌的前庭中，营造出了小堀远州故乡的琵琶湖周边的近江八景[2]，也可以称作潇湘八景[3]之庭。江天暮雪，即南面的筑山；山市晴岚，在手水钵附近；远浦归帆，是庭园中央铺有白砂的部分；潇湘夜雨，在庭中松木附近；平沙落雁，于北部的直入轩前，诸如此类。不难看出营造想象中的风景庭园的意图。

现在的建筑是在宽政年间的天灾之后由不昧侯重建的，建筑和庭园的部分改了许多，但庭园筑山处的枯瀑石组、石桥附近，都很好地保存了最初的面貌。层塔附近则可作为烟寺晚钟，充当八景之庭的一部分。

忘筌前的手水钵上，刻着“露结”二字，这是源于与“得鱼忘筌”的对偶句“得兔忘谛”（译注4）。“谛”有网套之义，兔有“露结耳”

② 近江八景，以琵琶湖南岸一带为中心的名胜景观，包括粟津晴岚、濑田夕照、矢桥归帆、唐崎夜雨、三井晚钟、石山秋月、坚田落雁、比良暮雪。此八景的选择是以后面所说的潇湘八景为模板的。

③ 潇湘八景，中国湖南省洞庭湖以南的风景名胜，包括山市晴岚、渔村夕照、远浦归帆、潇湘夜雨、烟寺晚钟、洞庭秋月、平沙落雁、江天暮雪。

译注 4：得兔忘谛，“谛”乃原文写法，此处沿用，中文多写作“得兔忘蹄”。

的别称，因此取“露结”之名的意图很明显，亦可从中领会远州的深意。

在手水钵附近，据说有一个从三国传来（译注5）的石灯笼。灯竿是宝塔的塔身，幢身是灯笼的基础，灯室是桧垣塔的台基，幢顶是五轮塔的半个水轮。石灯笼与手水钵连成的线恰好对着忘筌席的角柱，使得建筑与庭园有机相融，茶道之极意也由此彰显。不愧是远州的创作。

穿过直入轩，就会看到四叠半台目的茶室山云床。原本是三叠台目，经过不昧侯的改造，才变成密庵式④。露地中布泉手水钵（译注6）的创作，也显示出远州的茶意。

环游之下，美的细节数不胜数，恐怕整整一册才能尽述其详。我只好就此搁笔，略去不表。（一九七一年，七十五岁）

译注5：三国传来，是指从印度经中国和朝鲜半岛传入日本。

④ 密庵，大德寺塔头龙光院的四叠半台目茶室。小堀远州所作。国宝。

译注6：布泉手水钵，“布泉”是中国古代的一种钱币，故此种手水钵俯瞰是外圆内方的钱币状，水池处为方形，乃小堀远州首创。

桂离宫之庭

京都最大的河川在京都西部流经，有保津川（上游）、大堰川（中游）、桂川（下游）三个名字。这是诞生了平安时代都城（京都）的母亲河，正是有了这条河，京都才得以成形。不过，在拥有得天独厚的风景之前，这条河实际上有着很多的文化要素，了解这些很有必要。

平安都开城之前，先建造了长冈都。桓武天皇在延历三年（784年）的六月，营造长冈宫，十一月迁都（《续日本纪》）。然而，由于长冈宫存在种种问题，十年后的延历十三年十月，又迁都至平安都。仅仅为了营造长冈都，就集合了诸国百姓三十一万四千人。再往前二百年，秦氏掌权了这块土地；所以到了之后不久的圣德太子时期，在今天的广隆寺被创建之前，秦氏将西山麓地主神之松尾[1]神和梅宫[2]奉为氏神。

就这样，作为移民的秦氏，在这片以桂川为中心的丰饶之地上，开始了大米的生产，酿酒业也随之兴盛——这便是松尾神、梅宫后来被视作酒神的原因。可以说，河川运输之便，奠定了秦氏的繁荣。而秦氏的强大经济，无疑对建立长冈都、平安都起到了重要作用，这一点不容忽视。

进入平安时代，首先建起的，是位于嵯峨大泽的今天的大泽地庭园（嵯峨天皇的山庄），建于弘仁初年（810 年）。之后，天长七年（830 年）有了双冈山庄[3]。天安元年（857 年）藤原良相[4]的西京百花亭之庭完成，贞观十五年（873 年）源融[5]的山庄栖霞观落成。到了天延三年（975 年），兼明亲王[6]营造了龟山的山庄，即今天天龙寺的前身。宽弘（1004 年）年间流行在庭中栽种植物，许多人前

---

① 松尾，京都市西京区的松尾大社。内有三玲晚年之作“松风苑”。
② 梅宫，京都市右京区的梅宫大社。
③ 双冈山庄，京都市右京区的大纳言、清原夏野的别墅。
④ 藤原良相（813—867），平安时代的公卿。西京百花亭是良相的宅邸，位于京都市中京区。
⑤ 源融（822—895），平安时代的公卿。在嵯峨营建了山庄栖霞观。
⑥ 兼明亲王（914—987），醍醐天皇的皇子。

往嵯峨之地采集植物（《小右记》⑦）。宽仁元年（1017 年）御堂关白道长（译注 1）营造桂山庄，法性寺关白忠通⑧营造桂别业，冈屋关白兼经⑨营造下桂御殿。

由于以桂川为中心的土地物产丰饶、风光无限，因而京都的文化之花也开得格外热闹。只不过，今天这些文化之花的残影，也只剩下大觉寺、释迦堂⑩、天龙寺、西芳寺、桂离宫、松尾大社、梅宫，数量仅仅是过去的几十分之一。而其中最后绽放的花，就是桂离宫。

桂离宫的营造始于初代桂宫（八条宫智仁亲王⑪）。这位亲王，是正亲町天皇的第一皇子、诚仁亲王的第六皇子，也是后阳成天皇的弟宫。一度作为丰臣秀吉的养子，但之后由于淀君（译注 2）产下丰臣鹤松，关系便中止，继而建立八条宫。至于亲王为何在桂建造

---

⑦《小右记》右大臣藤原实资的日记。记录了 982 年至 1032 年的事件。

译注 1：关白道长，即藤原道长（966—1028），平安时代的公卿，官高至摄政，三个女儿被先后立为皇后。

⑧ 关白忠通（1097—1164），即藤原忠通，平安时代的公卿。

⑨ 关白兼经（1210—1259），即近卫兼经，镰仓时代的公卿。

⑩ 释迦堂，建于栖霞观旧址的清凉寺的佛堂。

⑪ 八条宫智仁亲王（1579—1629），江户时代的皇族。

译注 2：淀君，后人多称淀殿，丰臣秀吉的侧室。

山庄，乃是因为秀吉分给亲王的丹波（译注 3）的三千石土地，最终被换成了山城下桂村、川胜寺村周边的三千石土地。恐怕是秀吉心有愧疚，故而原本打算在此给亲王营造山庄。但在换地之后的第十一天，秀吉驾鹤西去，这一设想落空。于是此后长达二十年间，这里都没有建起山庄，直到元和四年（1618 年）才营造出一部分。元和五年招待近卫信寻⑫的茶屋（译注 4），有推测可能就在今天的古书院至月波楼一带。

虽然这座桂离宫至今仍有诸多未解之谜，但作为从桃山时代元和初年一直营造至江户初期宽永初年的宫殿，它凭借杰出的建筑、精彩的庭园，已是堪称一流的作品。

其中最值得我们钦佩的，是建筑与庭园（包括茶室和露地）之间的高度和谐。若非对茶道有高深的领会，绝无可能营造出如此和

译注 3：丹波，日本古代令制国之一。

⑫ 近卫信寻（1599—1649），江户时代的公卿。

译注 4：茶屋，全名为“下桂瓜畠之かろき茶屋”，源于智仁亲王的书简记载“来月四日、下桂瓜畠之かろき茶や へ陽明御成に候”，即下月四日于茶屋恭候阳明御成（即近卫信寻，后阳成天皇的四皇子）。

谐的形态，从而展现本质的美。在配置道具上，还巧妙运用了曲尺[13]之法，凸显了建筑与庭园之间的相关性。

进入御幸门，沿着细碎路石铺就的笔直的御幸道前行，便可直达中门。跨过中门，飞石和铺路石连成的“真飞石”小径大体呈南北走向且稍稍右斜，对着古书院玄关前的六足踏石（译注5）。这块六足踏石的放置稍有偏移，中心未与小径正对，想来应是表达曲尺法中阴阳和合的“峰折”（译注6）之极意。事实上，只需看看这附近的设计和施工，就能明白此番工艺是出自当时的大茶人小堀远州之手。

不过，直到今天，桂离宫的作者都未有定论。尽管后来的《桂御别业记》中提到：

---

⑬ 曲尺，《南方录》（参考“《茶室与庭》总论”的注释1）的“台子”卷中，记载了五十余种使用台子的点茶方式，都基于曲尺割（根据阴阳五行说配置茶室和道具）之法。

译注5：六足踏石，置于玄关前的条石，可供六人同时踏上。

译注6：峰折（峯ズリ），最初源于日本雅乐。雅乐固然讲究舞蹈与音乐融为一体，但二者不应完全合拍，否则反而是下品。千利休将此用于茶道道具的放置，可以理解为一种错合之美。

> 作庭之事，乃小堀远州（小堀政一、号宗甫）在伏见（地名）履职时的细心营造，其门生（出纳长仓、大藏山科、少辅出云、守两三辈）受远州之命辅作。其中妙莲寺的玉渊坊（译注7）尤为出色。

但由于是后世所记，不足以引起今日学者的重视。毕竟从远州开始，山科大仓（长仓是误写）、山科政直等也是茶人，而远州弟子玉渊所营造的妙心寺杂华院之庭、圆通寺庭园、高槻普门寺庭园，在组石手法上与远州亦有相似之处。玉渊也好，出纳大仓也好，都是同为大茶人的金阁寺的凤林和尚在《隔蓂记》中曾经记载的人物。所以不管怎么想，至少宽永初年以二代智忠亲王为中心的桂离宫二期营造，与当时以远州为中心的这些人的协助不无关系。

除此之外，松琴亭茶室的三叠台目，次间的六叠和十一叠，其处理方式都颇有远州之风。室外用于客人坐下等候的贵人石和淙泓手水钵（枡形手水钵）（译注8）显然参考了台子曲尺之法，在那个

译注7：玉渊坊，江户时代的作庭家，日莲宗派的僧人，属于京都妙莲寺。师从小堀远州。

译注8：淙泓手水钵，采用日本传统酒器“枡”（方形小木盒）的形状，为二重枡形套叠。

时代，除了远州，很难想到其他哪位作者会如此营造。至于将池庭上的白川石大桥正对松琴亭的床之柱，以及卍亭（四张长椅）的配置（译注 9），这样的设计高度更是远州之外无人可及的。

从马场（译注 10）回望苏铁山（译注 11）周边，可一览全庭。只见小石铺就的天桥立（译注 12）洲滨线恰与中岛左岛的中心相对，也正对着松琴亭。如此这般气势宏大而富有雅趣的构想，令人深感佩服。

桂离宫之设计，短文实难言尽，但确实处处体现了细致入微到令人惶恐的极致美。池庭布局与同样在元和年间完成的彦根玄宫园⑭类似，是当时作庭之典型；书院建筑与书院庭园之外设茶亭、露地，形成一座综合性庭园，则是前所未见的新意。整体而言，作庭者对细节的重视超乎想象，却又没有过分雕琢，如此恰到好处的把握更加令人惊叹。此外，尽管作庭经费充裕，但庭园表现出了极其之素野，同样让人意外。（一九七一年，七十五岁）

译注 9：卍亭，四面开放的正方形凉亭，内设四张坐向不一的长椅，恰成“卍”字形。
译注 10：马场，桂离宫内的一片空旷平地。
译注 11：苏铁山，庭中土丘，种有苏铁。
译注 12：天桥立，指水中狭长的沙洲，如同天之浮桥。京都宫津湾的天桥立被誉为日本三景之一。
⑭ 玄宫园，滋贺县彦根市的大名庭园。

修学院离宫之庭

从桃山末期的元和年间，到江户初期的宽永至明历前后，京都诞生了两座伟大的庭园，一座是桂离宫，另一座便是修学院离宫。然而，二者在诸多方面可谓大相径庭。即使存在年代之差，但同属后水尾天皇时代，竟会如此迥异，实在不可思议至极，不可理解至极。

桂离宫作于京都西南，修学院离宫作于洛北（东北）。

桂离宫作于平原之中，修学院离宫依山而建。

桂离宫将四周景色隔断，专注构造内庭之美，修学院离宫（尤其是上离宫）却将远望之景纳入庭中。

桂离宫围绕书院、茶亭作庭，修学院离宫将书院、茶亭作为附加之物。前者充分利用茶道的内容，而后者全然不以茶道为重点。

桂离宫对飞石、敷石、石灯笼、手水钵的处理细致入微，修学院离宫则对此轻描淡写。

桂离宫认真打磨细节，修学院离宫却不拘小节，一个人工，一个自然。

为何结果截然相反？先来看看营造主的谱系。

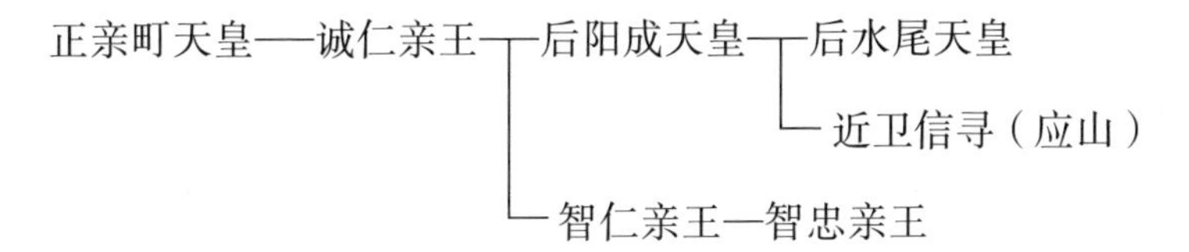

桂离宫的主人是后阳成天皇的弟弟，修学院离宫的主人是后水尾天皇，即后阳成天皇之子。二位是相当亲近的叔侄关系，但为何营造出了两个完全不同的庭园？实在是不可思议。

不过，一旦深入了解，就会明白情形之迥异。桂离宫的主人智仁亲王曾是秀吉的养子，尽管后来关系中止，但从秀吉那里得到了桂之地（八条家的领地）以营造离宫。而修学院离宫的主人后水尾院迎来了与秀吉对立的德川时代，德川氏希望这位给自己施加压力的后水尾天皇能够隐退，故而全力营造了一座迎合天皇喜好的修学院。推敲之下就会明白，出现两座迥然不同的离宫实则是必然的结果。

尽管围绕同一个皇系，但是桂离宫的内在以茶道为中心，而修学院离宫即使表面存在相关形式，内在也并非如此。另外，一方是平坦田园中的庭园，另一方是山麓边的庭园，构思必然不同，内容自然相异。就修学院离宫来说，应该没有比现在这样更好的设计了。

那么，面对内容、形式都大为不同的修学院离宫，究竟要如何欣赏？在此，我不再赘述修学院离宫的历史（敬请参考我在其他书籍、杂志发表的文章），仅仅讨论观庭之道。

走进竹垣门，从右边的大规模修剪整形的植栽中间穿过，上方即上御茶屋之庭，娴雅朴素的邻云亭就在那里。爬至此处的人们，往往会异口同声地发出一声“啊——”的感叹，对眼前景色赞不绝口。

许多人认为这是一座借景式庭园，因为可以眺望洛北、洛西的近景、中景、远景。然而，借景的重点，是用背景烘托庭园之美；而在修学院离宫的上御茶屋，背景不仅是背景，也不仅用于烘托。

事实上，在此所眺望到的景观，皆可算作修学院离宫的庭园。这种不同于离宫庭园的风景，并非为了烘托庭园之美，而是对离宫庭园的延伸。因此，眺望之景与庭园之间没有屏障，借景时用于区分内外的植栽在这里全无必要。庭园，即眺望之景。

而在邻云亭的跟前，混植杂木形成大规模的修剪造型，仿佛大大拉近了远景之山。杂木一年四季呈现出不一样的色彩，与眺望之景融为一体。

话说回来，大规模的修剪造型终究是不自然的植栽景观，却要与自然直面对决，按照常理都无法想象。但作者的大胆尝试，着实令人甘拜下风。对观赏者而言，色彩丰富的大规模的修剪造型先入为主，于是自身的感觉受此影响，远眺所见变得不再是纯粹的自然。

为了更强烈地影响感知，作者让观赏者在进门之后直接穿过大规模的修剪造型，使其在穿行而上时摒弃一切杂念，并暗示前方即将有壮丽的风景出现——整个过程如同观看魔术表演。正因如此，在身处大规模的修剪造型之中的观赏者看来，抵达邻云亭后所见的景色显得尤为壮观。

从上御茶屋向东北，可以一边欣赏右边的瀑布，一边行至穷邃轩，饱览千岁桥附近的景色。随后从北绕至西侧堤岸的大规模修剪造型，反观邻云亭之景。种种景观，不可胜言。

此外，中离宫内有微型的池庭、瀑布、流水、书院建筑等，细节丰富。下御茶屋中亦有池庭、流水、小瀑以及藏六庵等建筑，看点众多。上中下三庭分别基于不同立场而作，从上至下有真、行、草之别，通过内容和结构的差异形成变化，带来层层递进的观感。全庭位于山畔，四季景色丰富。春绽新绿，夏送清凉，秋有红叶，冬可赏雪。雨中月下，同样宜人。不愧为天下名园。（一九七一年，七十五岁）

林泉水无月抄（庭是活着的作品）

前些日子，我带着村上夫妇久违地参观了桂离宫和修学院。尽管我早已去过数十回，但感觉不论参观多少次，这两座离宫都始终美丽，常观常新。

我曾想过，如果今日有人能提供与建造桂离宫同样的条件，那么，我定能让他看到比桂离宫更出色的作品。

当然，这样的条件是指不惜钱财，不计年月，从动工到完工主人都不可出入现场。换言之，一切都听任于我。而且，委托人必须拥有足够高的文化素养、人格品行。若能集齐这些条件，我就可以放言做出超越桂离宫的作品。

如今，一栋大楼，一间酒店，动辄耗资数亿、数十亿。如此重金打造的大楼和酒店，有多么美丽，又有多少文化内涵？想来实在是枉费。然而，对于庭园，既没有人愿意投入钱财，也没有人对此深入思考。相比起今天在各种意义上大步前进的建筑，庭园显得极其衰微。

不过，并不是花上数亿，就一定能做出出色的庭园。即使面积只有十坪、二十坪，只要倾尽心血，也可能打造出一座名园。龙安寺之庭就是公认成本最低而艺术价值最高的例子。所以，庭园不看面积大小，也不问经费高低。话虽如此，我有时也会希望能够打造一个与桂离宫同样广阔且能随心所欲的庭园。

毋庸置疑，庭园必须拥有高度的艺术性，但它也是最需要永久保存的艺术之一，所以造园时必须考虑到保存的可能性。龙安寺和大仙院的庭园在这一点上就表现得十分优秀。说到保存，打扫和整理当然不可或缺。无论多么出色的庭园，如若怠于打理，且不说庭园的延续，其审美价值也会荡然无存。这是因为，庭园是有生命的、会呼吸的艺术。

因此，作庭就是创作活着的艺术，切不可忽视生命延续的必然性。关于这一点，庭园的所有者也必须牢记在心。既然创作的对象是活着的，就应当在创作时尽量使其永不被破坏，园主也应当不更改作者意图，尊重原意并努力将其保存下来。

若是不以艺术性为目的的庭园，就不必受限于此。有人喜欢一年四季都在庭园里修修整整，对这些人来说，全年不断变化的就是庭园，他们也乐在其中。这与在纸上练字是一个道理：没有能够永久保存的作品，即使练上百年，也永远称不上技艺精湛，但有人就是享受练字的乐趣。

古田织部则是另一种类型。对他来说，每举办一次茶会，就要更改一次景观，而庭园只有一个，因而只能在创作之上反复地再创作。所以他不用一木一草一石，而是仅仅做出一个土坪，根据时令铺上红叶、绿叶、松叶，形成各种景观，享受创作过程与创作结果的双重乐趣。

如此想来，也可以通过更改陶器等艺术品的配置，从而形成变化。选择一个人就能移动的轻质陶器，在砂中做出种种变化，这样应该可以实现兼具创作和观赏之趣的庭园。（一九六〇年，六十四岁）

作庭之今昔

时代在焕新，作庭也应该追求永恒的创新。龙安寺的庭园之所以能让当今世人感觉耳目一新，是因为作者在古代就开始了全新的创作。

日本庭园凭借其独树一帜的园林类型，在全世界都引人注目，但仔细想来，各个时代的日本庭园存在许多共通之处，连续不断地创新实际上极其罕见。江户中期之后，到了明治、大正以及昭和时期，更是类型化严重，而创新性匮乏。明治后期以来，在植治[①]一派的作庭中，借景法增加，流水的部分变多，勉强可以视其为自然主义庭园的创新；而其他作者之中，连这样的创新也几乎没有。无须借野口勇之口，我也敢说，明治以后的日本庭园毫无艺术性可言。《艺术新潮》十月刊做了一个名为《庭》的摄影专题，其中唯独丹下健三[②]的设计引起了我的兴趣，至于其他作品，哪怕说是现代庭园，依然质量堪忧。不过，这或许是编辑见识狭隘所致，毕竟在关

① 植治，指身为作庭家的七代目小川治兵卫（1860—1933）。
② 丹下健三（1913—2005），建筑师。

西都有为数不少的现代创作庭园。

正如我一贯所说，庭园不只需要作者一人担起责任，委托作庭者更应该理解庭园的艺术性，理解其在当代的创新性。若无需求，自然难言创新。但今天的日本大众，对庭园的理解都尚有欠缺；与其说欠缺，或许更应该说是完全不理解。甚至许多知识阶层，对庭园也谈不上有什么理解。哪怕是一流的艺术家，都常认为自家庭园足够完美，无须依靠庭师。对庭园如此浅薄的理解，将庭园视为艺术中的例外，就是当下可悲的现状。

庭园无疑是有高度的艺术。既然是艺术，就不允许有任何模仿或类型化。因此，每一个庭园都必须原创。换言之，作者必须充分把握现实，有所创造。江户中期的《庭造传》和末期的《筑山八重垣传》被视为庭师秘传书，但正是它们的出现，让日本庭园急转直下。这些书强化了作庭的模仿性和类型性，然而直到今天，仍有人将这些秘传、口传奉为圭臬。今日的造园家，应当摆脱这种传统，基于更自由的立场进行当代的创作。只有这样，今日的庭园之花才能绽放。（一九五七年，六十一岁）

庭的永恒性

1. 通往永恒的瞬间

此刻的我，正坐在龙安寺方丈的缘侧，面对着石庭。太阳已然西斜，即将落入庭前的杂木林间。那种瞬间的美，难以用言语形容，纸笔也无法写尽。石庭的一大半被西面杂木林的树荫笼罩，白砂泛灰；另一边则因落日的照耀变成褐色。石块也呈现出不可思议的颜色，有的近似橙色，有的却是黑沉沉的。正是这样的时刻、这样的天气、这样的云朵和太阳，才共同组成了这一瞬间恰到好处的整体美。

全庭石块的配置，空间的处理，都反映了作者对永恒的现代性的追求，由此实现了堪称永恒的高水平的石庭。也是因为这样，我才能透过石庭听到海浪的声音。而那一瞬间的美，不禁让我思考，庭园究竟为何物。不对，那一瞬间，我甚至来不及思考。

不过，或许连庭园作者都没有想到，这个本就美出新高度的石庭会在那一瞬间给人带来另一种美感。固然它恒常的美已经跃入我的眼中，但此刻我感受到的美，是瞬间迸发的极致之美。此刻，永恒与瞬间共存，永恒即瞬间，瞬间即永恒。

从早到晚，石庭持续展现出各种意义上的美。清晨、正午、黄昏，都有各自不同的美。这所有的美，就算我是龙安寺的住持，也未必能全部捕捉。而在时时刻刻的变化之中，会有某一个瞬间，展现出那一时刻的独特的美，只有与之相遇，才能感受到最极致的美、最极致的幸福。

多年前，我曾前往金阁寺拍摄龙门瀑。我请求住持增加瀑布上方的安眠泽落下的水量，因为一旦龙门瀑的水量不足，鲤鱼石之景就完全显现不出来。而有了合适的水量，落在鲤鱼石上的瀑布就会散开，这时的鲤鱼石仿佛成了活鲤，似乎正要借着水势跃上三级岩。那个瞬间，我为鲤鱼石飞跃的姿态惊叹不已，同时对作者的绝妙技艺肃然起敬。落水以鲤鱼石的背部为中心，七三分水，这一比例恰巧可以展现巨鲤一跃而起的姿态。不难想象，作者一定是对落水量有过充分的计算，才做出这个龙门瀑的。尽管此前我已经对这个瀑布的石组调查、观赏过数十回，但那一瞬间的美、灵动和力量，仍让我感到新奇。那是唯有一次的极致的美，只有在那个瞬间才能被捕捉到。

庭园的美，都是存在于瞬间的美。我当然不是以外行的眼光来欣赏庭园。我试图从各个角度捕捉庭园的本质，绝不认为只有某个瞬间的美才是全部的美。但在那一刻我所见到的美，或许只有庭园才能展现。这大概是因为，尽管庭园中的自然经过了改造，但仍然发挥着巨大的作用。这恐怕也是庭园独有的特性。

昭和十四年，我创作了东福寺的方丈庭园。当时的执事长是善慧院的尔以三师，他是那个年代禅僧中的佼佼者，正因有他，我才能做出那样的作品。善慧院向我表示，东福寺实无半点财力，因此想要永代供养（译注1）的话，可以建造庭园。在我看来，寺院终究给不了高昂的酬金，与其少收费，倒不如接受永代供养。最终庭园完成了，启用发布会选在了通天红叶最盛的时期。当时通天桥附近的红叶美不胜收，善慧院为我选择了这一绝妙的时间，又邀请了

译注1：永代供养，指家族世世代代都将遗骨交由寺院供养、管理。

四千五百人，以此来替代永久供养的酬劳。

我在方丈里庭中创作了棋盘状的作品，当今许多评论家称之为蒙德里安式。在启用仪式当天，我亲自在砂纹旁等待来客。突然，几片红色枫叶落入庭中，在金碧画（译注2）般的通天红叶的映衬下，苔藓、白砂、切石（译注3）组成的庭园仿佛成了一对金屏风，奢华绚烂。自己的作品能够呈现出如此极致的美，我做梦都不曾想到；直到现在，那时的美都犹在眼前。之后我又去拜访了数次，但那样的美，只存在于当时那一刻。

我知道茶庭在打扫、洒水时拥有一种瞬间的美，也总想一睹那个时刻。这样想的应该不止我一人。庭园瞬间的美，就像在特定时刻才绽放的花。它可能是一朵隐秘的花。换言之，只要时机不到，庭园之美就不会外露。而拥有这种时机的庭园，就获得了永恒性，因为这是永恒中的一瞬。

因此可以说，这样的一瞬，就是一次相遇，就像是在恋人最美

译注2：金碧画，贴有金箔、施以重彩的画。
译注3：根据用途切成各种形状的石材。

的时刻与之相遇。对我而言，庭园就是最大的恋人。庭园不会时刻美丽，会有疏于打理的时候，也有天气干燥令苔藓发红难看的时候。无论是怎样的天下名园，都有让人觉得名不副实的时候。庭园是因天、因自然、因所有者而变化的，不可能任何时候都保持极致之美。因此，能与美的瞬间相遇，堪为幸事。不过，这种相遇的前提是我们对庭园的爱。隐秘的花朵，若不予以爱意便不会绽放；但一旦有幸见到那一瞬间的美，它就会永远在你眼前。而且，只有永葆美丽的庭园，才会拥有这样的瞬间。

2.作家捕捉创意的瞬间

在我营造一百五十座庭园的生涯之中，经历过各种各样的事情。而作为作庭者，我付出最多精力的，就是布局与组石。

虽说布局是平面上的设计，但庭园并不是平面，即使偶尔有接近平面的平庭，地面也多少存在起伏。因此，实际布局与平面图完全是两回事。而且，在实际布局时，我经常会感受到特定瞬间、特定场所的美。

还有一些问题，无法仅仅依靠平面图的设计来解决。平面图必须对应场所，而不论设计得多么精确，放在实际场所中就可能彻底变样。至于要如何处理，就看在那个瞬间捕捉到的美了。那个瞬间是否会降临，决定了布局的成功与否。

说到瞬间之美，想必不只是我，自古以来的无数作庭家都经历过。在我看来，瞬间的重要性，尤其体现在组石上。石组之美，仅仅取决于那个瞬间。可以说，那个瞬间掌握了石组的生杀大权。书法也是一样。我常体会到，下笔的那个瞬间，直接影响了最终的美的构成。至于组石，我的经验是，往往一个细微的立起、转动，就可以左右庭园整体的结构。因此对于石组而言，那个瞬间是最重要的，石块正是为了那个瞬间而竭力组合的。有时，机械吊起巨石的瞬间，某种不可思议的美才会被发现。

一般来说，作者会预先决定每个石块的上部、表面，但这只是大体的预想。在石块被机械吊起时，作者会感觉石块每一刻的倾斜、朝向，直到捕捉到某个恰到好处的瞬间。这种无法移动的极致美，就决定了石组之美。

有时还会发现完全意料不到的美。捕捉这种美的瞬间，还要依靠作者同时的瞬间的感觉。可谓用瞬间捕捉瞬间。很多时候，组石形态会在设计图中大致展示出来，但设计图只是一种预想，无权决定最终的作庭方式。庭石这种素材本就千变万化，用法更是千变万化，寄希望于精确的设计图不仅荒唐，而且毫无意义。所以组合时，石与石的关系，石块相对于空间的瞬间移动，都很重要。

另一方面，捕捉这一瞬间的作者的创造力，也在向着永恒延伸。作者的感觉是一种灵感，连接着广阔无垠的宇宙之美、永恒之美。作庭时，瞬间所产生的极致美，与原本的永恒美，会立刻得到延展。

音乐、舞蹈、戏剧、插花等，都是达到一定高度才会开花的艺术。对于这些事物来说，瞬间本身，就是艺术的实体、艺术的原则。因此，瞬间尤为重要，瞬间是艺术的生命，它连接着永恒。相比之下，庭园自身就有永恒性；但庭园的创作和观赏，是基于特定瞬间的某一种美的。因此，虽然作庭家是在创作永恒的事物，但创作过程，是一种瞬间的创作。

庭园中的那个瞬间，是原始的，隐秘的，未被捕捉到的。如果那个瞬间是既有的定型的，是附着物，是单纯的自我和个性——只是尚未被所依存的传统或艺术本质消解，那么那个瞬间就没有意义。

在作庭家创作意图正确的基础上，只有那个从未被捕捉到的瞬间，才是必要的，才有原本的意义。在那个瞬间降临之前，作者的艺术意志必须与已有的一切切断关联，只留下纯粹的存在。组石的那个瞬间，看石不是石，石也不再是自然材料；否则，作者会被石打败，会被自然打败。赢过石，赢过自然，就是赢过瞬间。这种胜利是纯粹的。甚至不应让想法局限于庭园，因为说到庭园，就会想到所有的传统形式、固定形态。话说回来，就算泷石还是组合成了瀑布，鹤龟石组依旧构成了鹤龟之形，也绝不会是对以往日本庭园的模仿。在那个瞬间，必然会诞生一种全新的庭园石组。只有那个瞬间，才是与永恒相连的瞬间；如果没有那个瞬间，就不可能触碰到永恒。自我察觉的当下，就是瞬间。

世阿弥《风姿花传》[1]中写道：

> 花终有谢。正因有谢，花开方显珍贵。能无定型，方可视为花。正因无定，移向别处，方显珍贵。

因无定型，转变风格才显得可贵，这是能乐艺术的一种极意。

---

①《风姿花传》，能乐之大成者世阿弥（1363—1443）所著的室町时代的能乐论著。

动态的瞬间始终是千变万化、自在由心的，心动才有花开。对于组石而言，如果无法将自由变化的创造力转变成原动力，就不会出现石组之美。有原动力才有创造力，因此世上没有一模一样的石组，这种可贵的独一无二性就是石组开出的花。

石组之花，并不常开。开花需要时机，时机千载难逢。若像如今的温室花一样全年盛开，不仅不稀奇，也谈不上美。尽管理想情况是所有人都能理解石组的美，但可能一万人中都无人理解。懂的人自然明白，这是在不被万人理解之处才会绽放的花。既然石组之花只在合适的时间和场合绽放，那么若是作庭家没有找到合适的位置，花也不会开。大自然中，花应时而开，但人造场所里没有那么简单。要让不易绽放的花朵绽放，首先庭园自身必须具备所有条件，而这些条件的获得，只能通过无为之瞬间。因此，如果作庭家在作庭之外修行尚浅，庭园这朵美丽的花也不会绽放。只有掌握庭园之外的所有事物，庭园之花才会绽放。所有这些都是一个整体，在某一个瞬间融为一体。

3. 庭园的超自然与永恒

日本的庭园，首先是自然的。因为人们知道，自然中存在着人类无法超越的伟大和美丽。早期的日本民族相信天上有神。他们相信，日本的神不是诞生于人类的理性和感情，而是本就存在于自然之中的。自然同时也是一种神性的存在，所以他们将自然与神等视。祭拜自然中的神，同时也是祭拜自然万物。他们崇拜东升的太阳，崇拜高山和森林，崇拜巨石和群石，也赋予大海以神格。对太阳的信仰体现在朝廷政治上，对高山的信仰体现在筑山上，对森林的信仰体现在神篱[②]上，对巨石和群石的信仰体现在天津磐座和磐境[③]上。这些最终成为庭园理念的根源。

虽然日本的庭园最初有自然存在，但最终被转化为一种艺术行为来实现。这是因为人们知道，不可能以一种完全写实的、自然主义的手法，来模仿自然的状态。结果，当然只能是以缩景、再现、抽象化的形式呈现。因此，尽管庭园以自然为根本，最后还是延伸到了超自然的领域。

---

② 神篱，使用常绿树祭祀神灵的设施。

③ 天津磐座、磐境，用于招神以祭祀的自然岩石和在一定程度上加工过的岩石。

只要人类生活着，就必须方方面面都以自然为根本。虽然自然有时如同恶魔、荒神，但它始终是人们崇敬、眷顾的对象。人们难免畏惧自然，敬畏自然。近代人征服自然的错误想法，在早期日本人身上从未冒出，也不会允许存在。他们认为庭园是在地上忠实地反映自然之美，而且他们普遍知道，超越自然的美，是作者费尽心思都不可能表现出来的。

因此他们从不打算原样重现自然的美，也知道对自然之美的重现、模拟、复制，是对神的冒犯和亵渎。自然之美是神的世界，是神所创造的美的世界，所以绝对不允许侵犯这一世界，何况他们知道这种侵犯根本不可能实现。

越能够理解自然之美，对自然就越是手足无措，只会在被允许的范围内，创造另一种自然。所以，如果想忠实表现自然之美，只能在其他领域尝试，也正因为如此，古庭园看起来往往十分抽象。

在上代（译注4）日本，祭祀先祖的一种方法，是创作一座大池庭，内设中岛，在中岛上先祭祀先祖，再建造宫殿。这是因为先祖与大

译注4：日本史中将古代有文献留存的时代称为“上代”，即飞鸟时代后期至奈良时代，有时也单指奈良时代以前。

海渊源很深，若想将海引入园池，除了抽象表现，别无他法。为此，庭池要曲折如洲滨形，还要作荒矶之景。

上代人对美的洞察始于抽象，绳文陶器就是有力的证明。绳文陶器形状、设计之奇异，已经超出了常识。以往许多学说解释认为，上代民族以狩猎为生，自然显露出粗野之相，然而绳文陶器中出现的农耕产物谷粒，动摇了这一说法。或许应该说，绳文陶器是一种抽象造型，表达了上代民族对自然和神明的敬爱和恐惧之情，也是对自然中千变万化的实态的表现。将自由奔放的情感融入千变万化的造物之中，当然会涌出无穷无尽的造型力。所以上代人做出这些抽象造型，是必然的结果，并非天马行空。而抽象内在的根基，就是美，这与当今艺术家作品中的抽象在本质上是不同的。

在上代，不存在今天这种主要用于观赏的庭园，只有为了祭祀神明的多岛式园池、与神地位等同的磐座、作为圣地的磐境。这些超自然的做法源于抽象的造园技术，所传达的情感，在日本和其他国家都有表现。日本的山川海洋之景最初也不是因美而生的，这从世界上大量残存的遗迹中就能窥知一二。不过，尽管多岛式园池的功能仅仅是祭祀神明，并非全然没有美。正如许多上代园池所展现的，多岛的直线形、斜线形、三角形等配置初步有了美的结构，而勾玉形、圆形、洲滨形等形态的池畔汀线，更是一种高级的美。由此可见，上代人已经具备了很高的审美水平。

如此态度纯粹、将自然作为生活之友的上代人，必然能够抓住自然中的美。这并不奇怪。所以即使他们不会像后世那样观赏庭园，也已经自己建造庭园了。

我曾数次前往宇佐八幡宫[4]进行调查。如应永年间的古图所示，宇佐宫的园池是自上古保存至今的。遗憾的是，它其中一部分在昭和年间被改建，在直线状的中岛上，还有宗像三神的雕像[5]。尽管几近荒废，但它仍然有着无比纯粹的池庭之美。园池是为祭祀宇佐氏的祖先神而作的，却有着丝毫不让人觉得它是人造的纯粹性。上古人这种将大海之美进行缩小、抽象表现的美学感知，实在令我佩服。

进入平安时代，更多的池庭涌现。然而今天只保存下来十分之一，完全得到保存的更是少之又少。平泉的毛越寺池庭是比较完整

---

④ 宇佐八幡宫，大分县宇佐市的神社。

⑤ 宗像三神，指田雾姬命、市杵岛姬命、湍津姬命三位女神。

的一座。我在实地测量这个大池庭时，才发现池中作了干潟样的出岛（译注5）。对于这种干潟样，《作庭记》中记载如下：

> 干潟样的岛形犹如潮汐涸后之浅滩，半隐半现，浸于水中。岩石稍露，不可有树。

可见，干潟样即模仿潮起潮落而作的出岛。这一干潟样出岛一直存在于毛越寺池庭之中，竟然谁都没有注意到。虽说这个庭园显然是由作庭记流（译注6）的庭师所作，但当时的人们已有意识地在庭园中表现潮起潮落的美，将这种时间性的美的结构引入庭园，仍然令人惊讶。而既然创造了这种抽象表现自然之美的作庭法，就不必仅仅还原自然之美，甚至可以从超自然的角度进一步发挥创意。为了将最高等的自然美带进最高等的结构之中，作者走出了对自然美的模仿，十分难得。究其原因，想必是作者已经从自然美中发现了永恒的美。

自然之美不会在瞬间消失，纵然随着时间起起伏伏，也会与永恒之美相连。潮起潮落，就是在不同时间可见的变化之美，但它是

译注5：人工岛。

译注6：作庭记流，镰仓时代以来继承《作庭记》作者的作庭方式的人。

永恒的。作者正是站在超自然的立场上，面向永恒的事物，才发现了永恒之美。

庭园既然是大地上的艺术，就应以自然为基础，但不是单纯作为自然的再现或缩景。在融合了自然的所有条件的同时，又有一种有别于自然的造型，使流淌于其中的时间和空间时时刻刻都被增加了不同事物。把握住这所有的美，就能理解庭园；庭园也是在此之上得以存在的。

我在实地调查医光寺[6]时，看见山坡上枝垂樱的长长的树枝上都开满了花。虽然很难拍下来，但至今仍记得那里微风轻拂、垂枝飘动的美。很幸运在恰逢樱花盛开之际前往，更幸运的是，不仅见到了樱花，还感受到了随风摇曳的樱花的风情。花在那个瞬间的动态美，是独一无二的景象。樱花摇动的庭园之美，恰与龟岛上岿然不动的中心石形成了鲜明对比，这恐怕是连作者雪舟都未曾想到的。庭园只有在特定时刻才会被创造出来，正如只有在特定时刻才会绽放的花朵一样。这些特定时刻必然连接着永恒，这是自然的内在规律，

⑥ 医光寺，岛根县益田市的临济宗东福寺派寺院。相传雪舟曾担任其住持。

也是形成庭园结构之美的重要前提和某种规律。

我曾在天龙寺做过一场 NHK 的广播直播。我把麦克风带到池庭中，一边眺望天龙寺池庭，一边说话。突然几只小鸟飞来，开始向我鸣叫，于是我将小鸟也描述进了庭园的风景之中。这是作者想象不到的别样的美，是只在瞬间才能见到的美，但实际上也是永远存在的现象。小鸟原本并不作为庭园的美的要素，作者作庭时也未将其计算在内；然而，只要庭园保留生机勃勃的自然性，就会出现许多自然的现象，这些都会作为庭园之美上演一场美妙的合奏。

从四月到五月，我的庭园中常有树莺早早前来为我歌唱。我在床上听着它美妙的歌声，脑海中不禁想起“春眠不觉晓”的诗句。循声走到庭中，会感受到清晨不一样的美。接着打扫庭园，吸口烟草，品杯好茶，别有一番乐趣。这些时候，不仅是自然的美，其他超自然的美也被酝酿了出来。庭园虽以自然为根基，但在自然之上又与另一种自然重合，继而进入超自然领域，这是庭园独有的特权。它既是连接永恒的瞬间，也是永恒本身。

既然自然永恒存在，以自然为根本的庭园当然也会永恒。而创造永恒的作者，亦在追求这种永恒；如果察觉不到这一点，作庭就不可能成功。龙安寺的石庭，在将自然抽象化的同时，形成了永恒的现代性。银阁寺的银沙滩、向月台的盛砂，也实现了永恒的现代性。作者无论如何也要让庭园永恒延续的创作态度，变成了庭园永恒的现代性。只有自然被带入超自然世界时，庭园才能永恒，继而才会有现代性的出现。可以说，这种永恒性的前提是现代性，脱离了现代性，就无永恒可言。日渐衰弱的作品，连自身都在走向消亡，当然不可能永恒；只有永恒的现代性是永远具有生命力的存在，这种现代性永不腐朽，作品也由此获得永恒。（一九六八年，七十二岁）

我的庭园创作之路

走上庭园研究之路

我的家乡位于冈山县上房郡贺阳町吉川[①]，是非常典型的农村，不用说也知道，那里风景秀丽，人情味浓。祖父和父亲都喜欢建筑和庭园，不过毕竟是在乡下，没有做出很好的东西。家宅四周还有数百年树龄的松树、桧树、椎树，如此想来，我对庭园感兴趣也是必然。父亲在母亲的帮助下，砌起了一大圈石墙，在里面建了一间很大的日式宅邸，又从各地收集了庭石以营造庭园。由于父亲很早过世，我从日本美术学校毕业后，就在大正十三年（1924年）用这些收集来的石块完成了我的庭园处女作。

大正十二年（1923年），我的《美术思潮讲座》（文化大学院[②]）出版，同年《花道美学》（国风社）也出版了。昭和二年（1927年），我将林学博士田村刚[③]请至家乡，规划了日本首个原始森林公园，又

---

① 吉川，现冈山县吉备中央町吉川。

② 文化大学院，三玲于1922年创办了这家可以综合学习日本文化的通信制（类似函授）学校。

③ 田村刚（1890—1979），造园家、林学家。

邀请工学博士关野贞[④]，对家乡的古建筑等进行调查，并将其中几处指定为国宝。昭和四年（1929年）我前往京都，专心研究庭园、建筑、茶室、石造美术、绘画、工艺。

我对庭园的兴趣，或许是因为家族原因，但着手相关事务，还是源于自身对它的热爱。我到京都之后，就对各社寺的古庭园展开了研究，那时才知道各庭园都处于濒临荒废的糟糕状态。让我惊讶的是，名园众多的京都，竟然没有研究庭园的专家，也没有保存照护庭园的机构。

因此，昭和七年（1932年），我召集志同道合者，创立了现在的京都林泉协会，开始了对日本庭园的研究和保护。这个协会至今已存在了三十二年，是公认的日本唯一的庭园研究协会。昭和八年（1933年），十二卷的《京都美术大观》（东方书院）出版，我在其中的庭园篇发表了我对京都一百座古庭园的研究成果。

从那时起，我开始认真研究日本各地的庭园。然而，昭和九年（1934年）秋天猛烈的狂台风导致京都的古建筑、古庭园严重受损。

---

④ 关野贞（1868—1935），建筑史学家、建筑师。

我在台风过后巡访了各个庭园，也意识到，如果再度遭受这样的天灾，京都名园很难得到永久的保存。

这让我决定对全国各地的名园展开一次实测调查。这个研究项目工程浩大，就算是由政府主持也不太容易完成，我却以个人的名义进行，着实是不顾死活。从昭和十一年（1936 年）开始，我与助手清水卓夫（已故）、锅岛雄男、福井典（已故）、早尻丰松、下川苔地等诸君，付出了不眠不休的努力，完成了对日本各地约 500 座名园的考察，包括实测（平面图）、写生（立体图）、摄影、文献等方面。这份调查报告最终以 26 卷的《日本庭园史图卷》（有光社）的形式出版发行，为今后荒废庭园的复原提供了参考。26 卷的《日本庭园史图鉴》（有先社）也终于在昭和十四年（1939 年）完成。

通过对约 500 座庭园的亲自实测和文献调查，我确立了作庭年代的区分，也明确了各个时代庭园样式和作庭手法的变迁。我的日本庭园研究，可以说是一项重大的研究成果；日本庭园也是基于这一研究，才确立了其基础学科的地位。

此外，由于对全国各地各时代的庭园都作了详细的实测调查，我得知至少在江户中期以后，庭园的发展一落千丈。尤其是从明治、大正时代开始，庭园完全失去了艺术性，令我深感忧伤。而这种状况还在延续，在今天的昭和时代，几乎没有了庭园作家。这样下去，日本庭园的杰出代表将仅限于古庭园，而无一当代日本庭园。若后世之人来评论今天，定会认为这是一个空白的时代。我对此忧虑不已，这才决定不再只是潜心研究庭园，要进一步着手庭园的创作。

向作庭迈进

基于如上所述的理由，我走向了研究的另一面——作庭（当然我以前也有一些作庭的经验）。只不过，现在的作庭已经职业化，作庭者被称为庭师、植木屋，作庭不再讲究艺术性。委托人也对庭园毫无研究，几乎不懂庭园知识。在这种情况下，要营造杰出的庭园，无疑是天方夜谭。这也是如今作庭的一大难点。

我从作庭伊始，就希望自己的每一座庭园都有创造性，也努力朝着丰富的艺术性迈进。但这并不是容易的事，我甚至觉得不可能每一个作品都有所创新。所幸我曾亲自实测调查了全日本各地各时代的庭园，这样的苦恼不知何时便烟消云散了。

话又说回来，现在终究是现在。无论古典、传统有多么宝贵，一味墨守成规地模仿古庭园，对作庭只会有害无益。这一点不用我多说，平安、镰仓时代的作庭家们对此已有充分的认识。日本最古老的庭园秘传书《作庭记》中写道：

> 以昔日名手所构之园为范，虑家主之意趣于心，并融以我之风情，立石为庭。

换言之，应该在充分理解古典和传统的基础上，考虑园主的意图，尽可能发挥创造性。显然，这才是对作庭的正确理解。正因为如此，我对平安、镰仓时代庭园的杰出性深信不疑。

基于这样的立场，我努力以创作的态度对待各个庭园，在创作中又以现代为重点。因此，在我看来，作庭有三个关键要素，一是明朗，二是体量，三是现代。不过这里说的现代，不是单指今天这个时代，而是永远的现代性，这本身就是一种创作，所以需要为之付出最大的努力。

比起其他艺术品，庭园更具有保存上的永恒性，无论过几百年还是几千年，布局、石组都能留存下来。因此，庭园的观赏者绝不仅仅是当代人。它是给世世代代的人观赏的，应当活在永恒的“今天”。昭和二十八年（1953年），我创作了岸和田城本丸中的八阵之庭。

作庭时我想到将来可能有观赏者乘着飞机或直升机从空中观庭，所以创造了同时适合空中观赏的布局，所幸颇有成效。像这样的创作，就是在永恒意义上的佳例。

庭园这种艺术作品，材料全部都是天然的形态。石、木、土、水，无不如是。以往的许多作庭家，会过分从属于、依存于这些材料的自然性。换言之，素材的特性过强，打败了作者，也因此营造不出杰出的庭园。事实上，作庭家应该利用自己的创作意图，对抗素材的自然性。先将素材扼杀，再从其他角度重新给予其生命。我在作庭时会尤其注意这一点，何况这本是理所当然的。

不仅如此，作庭不像创作其他艺术作品一样有工作室，创作现场就是工作室。作庭时，主人、访客都很容易进来指手画脚。因此，在设计完成之前，我会有选择地听取主人的意图，但一旦开始施工，任何人的意图都不会考虑。明治以后的作庭，向来是主人指导，作者被随意地使唤，这才让庭园渐渐远离了艺术品的性质。在我看来，设计庭园之前，如果没有先“设计主人”，那么就不会有杰出的作品。所以，我常常与主人及其家人、来访者讨论关于庭园本质的话题。

另外，作庭时要重视庭园与场所的关系，注意庭园与建筑之间的平衡性，留意庭园的高低广狭、四周空间、家主意趣、建筑用途等方方面面。设计时务必留心这些要点。不过，庭园设计与建筑设计完全不同，庭园设计只能给出大致的方向。这是因为素材源于自然。在作庭现场，仍需捕捉素材每时每刻的变化。

我营造的社寺的庭园，包括东福寺本坊、光明院、瑞应院、春日神社、石清水八幡宫、荣光寺、瑞峰院、西南院、正智院、西禅院、本觉院、不动院、光台院、樱池院、光明寺、龙藏寺、志度寺、兴禅寺[5]等。这些社寺都有非同一般的精髓，毫无疑问，作庭时要尽力将这种精髓表现出来。可以基于它们古老的历史、传统、古建筑，确定作庭主题。例如，光明院庭园是以佛光普照为主题来作庭的；瑞峰院庭园的表庭是以寺号瑞峰（蓬莱仙山）为主题的，里庭的开山祖师大友氏是著名的基督大名，故而为其创作了十字架形态的石

---

⑤ 我参与作庭的社寺……东福寺本坊、光明院是京都市东山区的临济宗寺院。瑞应院是滋贺县大津市的天台宗寺院。春日神社是奈良县奈良市的神社(春日大社)。石清水八幡宫是京都府八幡市的神社。荣光寺是香川县小豆岛町的真言宗善通寺派寺院。瑞峰院是京都市北区的大德寺（临济宗）寺内塔头。西南院、正智院、西禅院、本觉院、不动院、光台院、樱池院是高野山（真言宗）山内塔头。光明寺是福冈县太宰府市的临济宗东福寺派的光明禅寺。龙藏寺是山口县山口市的真言宗御室派寺院。志度寺是香川县赞岐市的真言宗善通寺派寺院。兴禅寺是长野县木曾町的临济宗妙心寺派寺院。

组；瑞应院以二十五菩萨圣众来迎为主题；兴禅寺位于木曾高原，故以云海为主题。在创作时展示各社寺的特色，很有必要。

如果为私人住宅设计庭园，就要充分考虑个人的生活态度，绝不可忽视这一点与住宅之间的关系。有许多次，我在作庭的同时，还负责茶室、书院建筑的设计和现场指导。事实上，我也希望如此，因为坚持建筑与庭园在设计主旨上的统一，往往可以做出最好的作品。古代庭园中，桂离宫堪称典范；我创作的庭园里，则有云门庵（增井氏）、牡丹庵（越智氏）、宗玄庵（桑田氏）、山泉居（村上氏）、龙门庵（荣光寺）、驴庵（东氏）、有乐庭（明乐氏）、海印山庄（四方氏）、廓然庵（小河氏）等。

茶庭方面，千利休以草庵院子为根本理念，以深山幽谷为理想。他为了在茶庭中实现这一理想而大量使用植栽，不久后这一做法就定型化了。但我想从现代性的角度理解所谓的深山幽谷，改变这种浅薄的重现自然的做法，创作没有一木一草的茶庭。由此我创作了东氏的驴庵，而在此之前，从未有任何茶庭不植一木一草。东氏住在备中的高梁市，所以我设想基于备中一带的风景来打造这个茶庭。只是这种结构比较抽象，没有完全可以参考的旧作。从那之后，我开始通过各种各样的创作来充分展现茶庭的精髓。

作庭时，以自然主义、写实主义的方式再现大自然，是没有意义的，我坚决反对。与其这样，不如从全新的角度抽象展现大自然的真实情况，自己创造一个新的大自然。

此外，作庭还涉及土木工程。搬运沉重的石块、木材都需要大量工匠，只有这些工匠完全按照负责人的意图来工作，才会有杰出的作品，所以工匠们良好的工作情绪和优秀的施工技术都必不可少。在这方面，负责人的人格魅力最为重要。如果设计总监都无法让人信服，就绝不会有好的作品。作庭四十年来，我受到了许许多多的照顾，正是有了大家的全力相助，我才能留下大量的作品。

作庭之具体二三例

作庭有众多前提，首先要考虑社寺、官方机构、酒店餐厅、公园、住宅等条件。即使是住宅，也仍需了解各种细节，宅邸面积大小、建筑样式、用地和建筑的空间、用地与周围环境的关系等，还有地面的高低、坡度、平整度，主人及其家人的喜好、家庭成员数量、使用目的，诸如此类。要协调所有这些条件，无疑困难重重，但在设计和施工时，必须全部纳入考虑范围。

此外，还有一个更重要的前提。主人品格的高低，以及对庭园这门艺术的理解程度，决定了能否创造出一件杰出的作品。在身为庭园作者的我看来，这一点很容易判断。不过，即使对方资质不好，我也不会敷衍了事；但奇怪的是，这种情况下我确实很难做出好作品。

在我完成的庭园中，拥有绝佳条件的，包括增井氏云门庵的茶室和庭园、臼杵氏露结庵的庭园、越智氏牡丹庵的茶室和庭园、小河氏廓然庵的书院和茶室及庭园、东氏驴庵的庭园、桑田氏宗玄庵的书院和庭园、前垣氏的庭园、斧原氏的庭园、永乐庵的庭园、岸和田城的八阵之庭、东福寺的八相之庭、光明院的波心之庭、瑞峰院的独坐之庭、兴禅寺的看云之庭等。这些作品的主人和家族都给予了我信任，由我随心所欲地进行创作。

增井家庭园　对旧宅进行改造，创作了书院式和草庵式的茶室，在通道中增加了等待处、中门和竹篱，铺路石也被大胆地做成了双重洲滨形。

臼杵家庭园 不区分书院之庭与茶庭，而是合二为一，这种做法前所未有。

越智家庭园 改造旧宅，设计二叠台目的新茶席和茶庭。床之间的落地圆窗、牡丹色的灰泥内墙，都是首次在茶室中出现。我还将镰仓宝箧印塔[6]状的手水钵移入檐下，创造了站立的使用方法。

小河家庭园 从大门到玄关的铺路石采用印加式切石，宽广的竹篱形似渔网和远山，还创作了书院和茶席。我对整个建筑，甚至是袄的拉手，都进行了设计。至于在四叠半茶室中立起大面积涂黑的柱子，这种做法我曾在敝舍京都无字庵的水屋尝试过。小河氏的茶庭可以说是让双方都大吃一惊的创作。

东家庭园 这里的茶庭用了一种与深山幽谷的表现完全相反的作庭方法，不使用一木一草。完全没有植栽的通道，这里是首例，后来我也将此应用到了其他几个庭园之中。

桑田家庭园 桑田氏的书院是古老的镰仓式，但我尝试让它焕发出新的感觉。在狭窄的庭园中，我加入了长石条这种新的作庭要素。

前垣家庭园 对旧庭进行改造，创作了东西方向的狭长出岛，做

---

⑥ 宝箧印塔，这种经塔是在正方形平面的塔身上置多级塔檐，四角有突起的装饰。

法类似于早在二十四年前在斧原氏庭园里的设计，但结构完全不同。

斧原家庭园 昭和十五年（1940年）的作品，首次尝试曲水式做法，使出岛东西交叉，又在最近的小岛平行种植小松树，从书院望去，有一种动感。

岸和田城庭园 岸和田城的八阵之庭，考虑到在天守阁的三层处俯瞰，做了适合从上空观赏的设计，这是庭园史上首个将观赏方式纳入考虑的大胆之作。与此同时，庭园也可以被用作各种展览会场。

东福寺庭园 东福寺的八相庭是在方丈四周作庭，南庭是正面，原本就有一棵老松树，我在此做了不用一木一草的禅宗式枯山水，中心用三个长达六米的巨石表现内海海岛。巨石和大空间的关系，筑山构成的五山布局，北庭里的方形石板与青苔、白砂组成的棋盘状，被今天的观赏者称为日本的蒙德里安式。东庭利用基石组成北斗七星石；西庭是井田式布局，切石框架中以棋盘格局种上杜鹃。

瑞峰院庭园 考虑到寺号所因循的云门禅师独坐之态，创作了方丈前庭“独坐之庭”。里庭的设计围绕开基之祖、基督大名大友氏，故有十字架形式的石组，这种做法在日本庭园中当属首例。

兴禅寺庭园 由于兴禅寺是木曾山中的禅院，所以虽然类似龙安寺做了不用一木一草的平庭，但在庭中用粗线条勾勒出云纹，白砂的砂纹也形成了独特的构图。这在以往的庭园中从未有过。

对我来说，创作是唯一的乐趣，如果无法在庭园中进行创作，我就只能结束作庭之事。再没有像庭园这样可以永远保存的事物，所以尽力作庭既有乐趣，也是责任。只有在大地上把自然当成艺术来创造，庭园才会拥有生命。而永不腐朽的新事物，也是我的生命。即使数千年后，我的庭园大多坍塌，只要还有一小部分残留，我的生命就可以寄宿在这最后的部件上。所谓艺术品，就是无论如何破坏，也绝不会消失。如果那样的一刻到来，其他艺术就会在它的影响下诞生。我相信，唯有杰出的作品才会得到神佑，才能被永远保存。因此，我只希望能够继续全力作庭。这已是天赐的恩赏，我不需要更多的东西。

话虽如此，直到今天，我仍未创作出一件能让我永远引以为豪、能够获得自己和他人的最高评价的作品。高无止境。无论是怎样的天才雕刻家，都创造不出神所做的石块；只有将这个无与伦比的石块完全变形的那一刻，庭园才会出现。而实现的前提，是与石对话，让石接受这样的改变。否则，作庭就没有意义。我正是带着这样的责任感和自信心，继续营造庭园的。（一九六四年，六十八岁）

梅花林泉录（敝舍之庭）

就像人们所说的染坊老板穿素衣、医生无暇谈养生，越是专业人士，越容易不将自己放在心上。建筑师一生住租屋，作庭师自家无庭园，插花先生家中瓶花尽枯，茶道先生最不讲究礼数，这样的例子不胜枚举。

我家的庭园不外如是，怎么看都没有庭园的样子。我是昭和十八年搬到这里的，恰是战争最激烈的时候，这姑且可以算是不作庭的理由。然而，战争结束后，尽管一直想着改造它，内心也无比期待，但始终只有极其微小的改动，并没有本质上的变化。

原因有很多。最初，我打算放入少量石块，但家屋四周有土墙，不破坏土墙，就无法移入石块。我不想如此大动干戈，计划便由此搁置。

另外，我家庭园中央有一棵堪为名木的松树。所有树枝如同垂柳般垂下，美不胜收，难得一见。我的个性正是乐于低头，凡事低头是我为人处世的秘诀，既然无害，低头又有何妨。反正我是个无趣之人，本就没有什么值得我抬头，低头不过是顺势而为，何况再没有比低头更轻松的了。我想，或许这也是这棵松树在无形中教我的道理。它是这个庭园的主人木，垂枝之态表明它与我是一样的态度。

因此，我很珍视这棵松树，总担心一旦移栽，它就会枯萎。但这棵松树在庭园中央，如果不移栽，就无法设计新的庭园。若非要在此基础上设计，又着实困难。再加上别的种种原因，最终改造一再拖延。

另一方面，就在我希望尽早着手改造之时，妻子也终于开始催促，于是我决定大胆设计。而且如今，我不用破坏土墙就可以放入石块，实为幸事。为了避免继续拖延，实际的改造工程当年年底就动工了。

杉山将石块从阿波运来，小田把石块搬入土墙内。小山担任作庭总负责人，田中、大泽、小野以及为了研究庭园前年来到日本的保罗，都尽力提供了帮助。施工从十二月十七日开始，至三十日即宣告完工。染坊老板的素衣总算染上了色（日本的惯用语，类似于中国的“医者难自医”）。

庭园中，身为主人木的枝垂松保持着原样；蓬莱岛是主人岛，另外还有象征鹤岛的石组、象征龟岛的方丈出岛以及瀛洲岛和壶梁岛这四座仙岛。如此古典又传统的蓬莱仙岛之庭，是考虑到屋宅自身的古老；但各仙岛的轮廓线颇为新颖，各石组也让人眼前一亮。中央蓬莱大岛的鹤石组采用了三尊石组的手法，还用了象征入舟和出舟的两块舟石。古庭园中往往只用一块舟石，我却特意同时放置两块石头。入舟是入港之舟，故以大石表现其稳重；出舟是远海之舟，故以小石表现其轻盈。

这次改造，我还将庭中许多杂木移栽到了土墙边，如此一来，庭园明显开阔不少。佐藤又替我将土墙内侧涂成白色，庭园立刻明亮起来，也愈发开阔了。

同样面积的庭园，只是换种处理方式，就会让人感觉如此不同，作庭家也应该时刻牢记这一点。照明的增设，则又带来了一种夜庭之美。由于我近来几无半分闲暇，庭园的打扫就全由妻子一人承担。在这方面，我对妻子始终感怀在心。（一九七一年，七十五岁）

作者简介

重森三玲

作庭家、庭园史研究者。

出生

明治二十九年（1896年）八月二十日，于冈山县上房郡贺阳町（现吉备中央町）吉川出生，为家中长子。出生名为计夫（后因法国画家让－弗朗索瓦·米勒 [Jean-Francois Millet] 的名字而改为谐音的三玲 [Mirei]）。父亲重森元治郎，母亲鹤野，有四个妹妹。二十一岁时赴东京求学，就读于日本美术学校。

家庭与婚姻

与妻子铃子育有四男一女（长子完途、次子弘淹、长女由乡、三子执氏、四子贝崙）。完途及完途之子千青也是作庭家。由乡之子三明是美术家，兼任重森三玲庭园美术馆馆长。

全国庭园实测调查

1934年室户台风后，京都庭园的荒废激起重森三玲的危机感，此后三年间他对日本全国庭园展开了实测调查，将约三百座庭园的调查记录汇总为全二十六卷的《日本庭园史图鉴》（有光社）。不久追加调查，最终出版了其毕生巨著《日本庭园史大系》（全三十五卷，社会思想社，与长子完途合著）。

作为作庭家

1925 年改造老家庭园为“天籁庵”茶庭，此乃处女作。《日本庭园史图鉴》完成之后的 1939 年，受东福寺之托营造代表作“八相之庭”，战后又持续开展频繁的创作活动。高野山、岸和田城、大德寺瑞峰院、香里团地、兴禅寺等地留有其代表作。晚年创作了被誉为个人至高杰作的松尾大社“上古之庭”。巨石并立、融通无碍之景堪为压轴之作。

茶道

约十五岁开始学习茶道与插花，十八岁设计老家茶室“天籁庵”。著有《茶室·茶庭》《日本茶道史》，以茶道研究家闻名。1953 年于吉田神社南参道的自宅中营建茶室“无字庵”（现重森三玲庭园美术馆内），正式开始茶道实践。晚年时期，按惯例每年举办初釜，招待二百余名客人。

花道

三玲将花道视为与庭园、茶道同样重要。批判花道的定型化，与勅使河原苍风、小原丰云交流，在前卫花道中占有一席之地，主持研究会“白东社”（中川幸夫也曾参加）。创办杂志《花道艺术》。

阅读指南：给想深入了解重森三玲的人

重森三玲、重森完途《日本庭园史大系》全三十五卷，社会思想社，1971—1976 年。

除在第二次世界大战之前出版的《日本庭园史图鉴》全二十六卷的约三百座庭园之外，新增调查了约一百三十座庭园，集合日本全国庭园，堪称空前绝后的纪录。刊载于月报的三玲随笔《莑苔普》《新作庭记》亦是必读物。

重森三玲《刻刻是好刻》，北越出版，1974 年。

三玲创立的庭园探访研究协会“京都林泉协会”的月刊会报《林泉》中，卷首语皆由三玲所写，本书即为合集，满载着三玲对庭园长达半个多世纪的热爱。

重森三玲《枯山水》，中央公论新社，2008 年（初本由大八洲出版 [1946 年]、增补本由河原书店出版 [1965 年]）。

“枯山水，是对庭园造型中的自然美的高度诗化。”本书将枯山水原本的生命定义为“永恒的现代性”，基于实测调查、古籍解读，追溯从室町时代以前至昭和时代的枯山水的历史。

重森执氐监修《重森三玲 现代枯山水》，小学馆，2007 年。

以“永恒的现代性”“建筑与庭园的融合”“自然的抽象化”“神之宿石”“起立的石组”为关键词，重新组合三玲的作品和文章。收录了重森三玲与其敬重的雕塑家野口勇的对谈。

太阳的地图帖《重森三玲之庭指南》，平凡社，2014 年。

除了介绍重森三玲在日本的庭园代表作，还刊载有了解三玲的关键词集、在三玲家乡吉备中央町寻访三玲作品之旅、三玲珍视的十大名庭等内容。

相关书目

本书内容摘自以下书籍:

《早凉林泉录(住宅是私人美术馆)》《动手的重要》《日本庭园的抽象性》《日本庭园的整形修剪之美》《林泉愚见抄(无为之宝库)》《紫阳花林泉秘抄(彩绣球袋饰)》《林泉季春抄(倾注热情)》《林泉新茶月抄(春风迟来,亦有花开)》《寻石之时》《春眠鸟月记(让沉默庭石开口的秘诀)》《今日之茶席》《神无月林泉日录(今日茶道之状态)》《草饼林泉秘抄(尽享自宅)》《林泉朝颜谱(独放之花)》《古田织部与小堀远州的艺术》《林泉水无月抄(庭是活着的作品)》《作庭之今昔》《梅花林泉录(敝舍之庭)》

出自《刻刻是好刻》,北越出版,1974 年。

《作庭之趣》

出自《庭 作之乐趣观之乐趣》,重森三玲、重森完途合著,成美堂出版,1973 年。

《观庭心得》《孤篷庵之庭》《桂离宫之庭》《修学院离宫之庭》

出自《京都庭园巡礼》,白川书院,1975 年。

《< 茶室与庭 > 总论》

出自《茶室与庭》,现代教养文库,1962 年。

《庭的永恒性》

出自《庭 心与形》,社会思想社,1968 年。

《我的庭园创作之路》

出自《庭 重森三玲作品集》,平凡社,1964 年。